초등 말 공부

친구 관계가 쉬워지는 말하기 연습

초등 말 공부

교실연고 지음

글라이더

원만한 교우관계의
비밀은 말 습관

큰 산불은 아주 작은 불씨에서 시작합니다. 사람 사이의 큰 싸움의 원인도 알고 보면 아주 사소한 시비에서 시작되죠. 20년 넘게 교실에서 아이들과 부대끼며 수많은 갈등을 지켜보았습니다. 놀랍게도 학교폭력으로 번지는 심각한 사안들조차 그 시작은 대부분 일상의 아주 사소한 어긋남이었습니다. 교실 안에서는 하루에도 수십 가지 갈등이 피어오릅니다. 어떤 갈등은 폭발할 듯 번지지만, 어떤 갈등은 의외로 싱겁게 해결됩니다. 이 결정적인 차이는 어디에서 비롯될까요? 현장에서 확인한 정답은 바로 '말 습관'에 있었습니다.

말 한마디 때문에

책상 사이의 좁은 통로에서 두 아이가 마주 옵니다. 서로 비켜주겠거니 생각하다 어깨가 부딪힙니다. 이때 아이들의 입에서 가장 먼저 튀어나오는 말은 대부분 이렇습니다.

"야, 왜 때려?", "내가 언제? 니가 어깨빵 했잖아!", "아프게 했으니 너도 한 대 맞아", "이 ××가!"

순식간에 욕설이 오가고 목소리가 커지며 종종 주먹다툼으로 번지기도 합니다. 결국 교사에게 불려오거나 억울함을 호소하며 눈물 젖은 얼굴로 싸움을 중재해달라고 교사를 찾아오기도 하죠. 상대방 아이를 따끔하게 혼내달라는 당부의 말도 잊지 않습니다.

체육 시간, 피구를 하다가 얼굴이 빨개진 여학생에게 누군가 던진 "야, 너 얼굴 토마토 같아!" 라는 말도 마찬가지입니다. 그 말이 재미있어 너도나도 "토마토"라고 놀려대면, 마음 여린 아이는 차마 싫다고 말하지 못하고 참고 있다가 결국 울음을 떠뜨리고 맙니다.

교실에서 가장 고치기 힘든 습관은 바로 '남 탓'입니다. "너 때문에 우리팀이 졌어", "네가 놀려서 내가 때린거야", "너 때문에 너무 시끄러워", "너 때문에 혼났잖아"…. 끝도 없는 남 탓에 상대방이 가만히 있을 리 없습니다. 심한 말로 되돌려주고, 그 말은 비수가 되어 상대방의 마음에 상처를 내며 갈등의 소용돌이를 키웁니다. 감정이 주체할 수 없이 커지면 분노는 부모에게 전염되고, 아이 싸움은 어른 싸움으로 번집니다. 이쯤 되면 아이는 왜 화가 났는지 근본적인 이유조차 잊은 채, 오직 상대방을 '나쁜 아이'로 몰아세우는 데만 집중하게 됩니다.

관계의 골든타임을 지키고 싶은 선생님들의 마음

이 책은 평균경력 15년 이상의 현직 교사 모임인 '교실연고' 선생님들이 아이들의 '말'을 치열하게 고민하고 연구한 결과물입니다. 1만 시간 넘게 아이들과 함께하며 찾아낸, 이른바 '잘 풀리는 아이들의 말의 법칙'을 담았습니다.

말이라고 해서 다 같은 말이 아닙니다. 친구들이 친근하게 느끼고 다가오는 아이들은 사용하는 언어부터 다릅니다. 다정한 말은 부메랑이 되어 자신에게 돌아옵니다. 신뢰와 존중, 배려가 담긴 그 말은 곧 아이의 '리더십'이 됩니다. 말투가 바뀌면 관계가 바꿰고, 관계가 바뀌면 아이의 학교생활이 즐거워집니다. 이 자신감은 교실 밖 '삶'을 대하는 태도까지 바꾸어 놓습니다. 자존감이 높아진 아이에게 학교는 비로소 '가고 싶은 곳'이 됩니다. 이 모든 기적의 씨앗이 바로 '말'입니다.

　새 학기마다 친구 사귀기가 두려운 아이들, 처음에는 친한 듯하다가도 결국 친구 사이에서 고립감을 느끼는 아이들, 교우관계에 자신감이 없는 아이들, 친구에게 무슨 말부터 건네야 할지 난감한 아이들에게 이 책은 실질적인 해결책이 될 것입니다. 베테랑 교사들이 관찰한 실질 사례를 바탕으로, 친구들과 평화롭게 지내는 아이들의 대화 과정을 생생하게 보여줍니다. 사례 속에서 건져 올린 좋은 말의 공식을 '3단계'로 세분화하여 아이들이 쉽게 따라 할 수 있도록 시각화했습니다. 또한 가정에서도 부모님과 함께 연습해 볼 수 있도록 일상의 작은 '과제'의 형식으로 구성했습니다.

아이들에게 물려줄 최고의 자산, 대화 습관

　영국의 시인 존 드라이든(John Dryden)은 "처음에는 사람이 습관을 만들지만, 나중에는 습관이 사람을 만든다."라고 했습니다. 서툰 대화 습관은 아이가 주변 사람들과 건강한 관계를 만들어 나가는 데 걸림돌이 될 수 있습니다. 반대로 좋은 대화 습관은 몸이 기억하는 수영 실력처럼 평생 아이의 곁을 지키는 든든한 자산이 됩니다. 교실에서, 그리고 성인이 되어 사회에서 만나게 될 수많은 이들과 어울려 살아가야 할 우리 아이들에게 '좋은 대화 습관'은 그 어떤 유산보다 값진 무형의 자산입니다. 이 책이 아이들에게 소중한 자산을 선물하는 계기가 되길 바랍니다.

아이들이 교실 안팎에서 행복하고 자신감 있게 자신의 삶을 가꾸어 나가길 응원합니다. 그 길에 아이와 부모님, 그리고 우리 교사들이 기쁘게 손잡고 나아가길 소망합니다.

2026년 새해에
교실연고 교사들 드림

차례

기초 : 말을 여는 용기

심화 : 마음을 살리는 말

응용 : 갈등을 푸는 대화법

정리 : 생각하고 말하는 힘

기초

말을 여는
용기

학교에서는 때때로 친구들끼리 서로 어색해서 마음은 있지만 다가가지 못하고 주저할 때가 있습니다. 그럴 때 망설임 없이 친구에게 한 발 다가가는 아이들이 있습니다. 먼저 손을 내밀고 다정하게 말을 건네는 모습은 친구들의 마음을 녹이고 얼어있던 분위기를 부드럽게 만들어줍니다. 말을 건네는 작은 시도는 어색한 친구들의 대화를 열어주는 마중물과 같은 역할을 합니다. 아이들은 대화를 통해 따뜻하고 단단한 관계를 맺게 되지요. 친구에게 먼저 다가가는 용기를 지닌 친구들은 어떤 말을 사용할까요?

사회 수업시간, 3명이 모둠을 만들어야 하는 상황에서 지훈이가 말 없이 혼자 앉아있습니다. 이때 동우가 "우리 함께 할래?"라며 지훈이에게 먼저 다가갑니다. 동우가 건넨 친절한 말 한 마디는 아이들을 하나의 공동체로 만들기에 충분합니다. 말수가 적지만 항상 주변에 친구들이 모여드는 현지, 친구를 진심으로 걱정하는 소현이, 잔뜩 화가 난 친구의 마음을 한 마디의 말로 위로할 줄 아는 민세, 한 마디의 말로 얼어붙은 친구들의 마음을 녹이고, 서로에게 한 발 다가갈 수 있는 대화를 시작할 수 있게 만드는 말의 힘을 가진 우리 아이들을 만나볼까요?

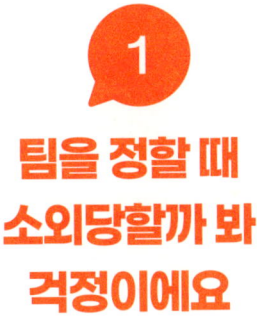

팀을 정할 때 소외당할까 봐 걱정이에요

"우리 함께 할래?"

이보다 따뜻한 말이 있을까요?

교실에서 생활하면서 언제든 소외될 수 있다는 두려움은 그림자처럼 지훈이를 따라다녔어요. 나쁜 감정뿐 아니라 좋은 감정도 전염성이 강합니다. 모두가 행복할 때 공동체 안의 개인도 진정으로 행복할 수 있어요.

. . .

사회시간에 3인 1조로 자율적으로 팀을 짜고 있었어요. 느린 학습자인 지훈이는 어느 팀에도 끼지 못하고 있었죠.

"지훈아, 우리 함께 할래?"

동우가 다가와서 말했어요.

지훈이는 그제야 안심이 되었고 금세 표정이 밝아졌어요.

"지훈아, 국회·정부·법원이 있는데 너는 뭐 할래?"

다른 친구들이 역할을 정하기 전에 동우는 지훈이에게 먼저 물어보았어요.

"국회."

지훈이는 작은 소리로 말했어요.

"국회 한다고? 나도 국회하려고 했는데 다른 것 해야겠다."

교실은 다양한 배경과 특성을 지닌 아이들이 함께 살아가는

공간이에요. '사랑을 받아본 사람이 사랑을 줄 수 있다'라는 말처럼 가정에서 받은 정서적 양육 방식은 아이의 성격과 타인을 대하는 태도에 큰 영향을 미치게 됩니다. 친절한 아이들 대부분은 부모의 따뜻한 말과 기다림 속에서 자라난 경우가 많아요.

사랑은 표현되지 않으면 상대방에게 잘 전달되지 않아요.

"사랑해", "괜찮아", "너는 소중해" 같은 말을 자주 들려주고, 안아주고, 눈을 마주치며 함께 웃을 때 사랑은 잘 전달이 됩니다.

가정에서 과하다 싶을 정도로 사랑을 표현해 주세요. 질책보다는 친절한 언어와 행동으로 말해주세요. 아이들은 부모로부터 받은 사랑이라는 정서적 돌봄으로 자신의 마음 곳간을 다 채우고 난 후에 남은 것이 있으면 타인에게 베풀게 됩니다. 즉, 정서적 돌봄이 부족하다고 느끼는 아이들은 자신의 마음 곳간을 채우기에 바빠 타인을 돌볼 여유가 없다는 뜻이지요.

그런 의미에서 친구에게 먼저 다가갈 수 있는 아이는 사랑을 듬뿍 받고 자라난, 내적인 힘이 강한 아이입니다. 먼저 다가가 친구에게 손을 내밀게 되면, 그 순간 긍정적인 에너지가 교실을 가득 메워 모두가 행복해질 수 있어요. 동우로 인해 행복해진 지훈이의 행복감이 금세 주변 친구들에게 퍼져나가는 것처럼 말이죠.

뇌과학자들이 말하길, 행복한 감정이 드는 순간은 누군가를 행복하게 해 주었을 때라고 해요. "우리 함께 할래?" 이 말은 결국 나를 행복하게 만드는 말입니다.

친구에게 먼저 다가가는 말 3단계

① 시간을 갖고 교실의 상황을 살펴보면서 기다리기

→ '소외되는 친구가 있을까?'

② 소외되는 친구 발견하고 다가가기

→ "너, 짝 할 사람 있어?"

③ 부드러운 말로 제안하기

→ "우리 함께 할래?"

연습

– 함께 해서 즐거웠던 일을 떠올리기

– 친구에게 "같이 하자!"라고 말해보기

친구의
말을 잘
듣는다는 것

교우관계에서 친절한 마음과 존중의 태도는 외향적 성격을 전제로 한 리더십보다 더 큰 신뢰를 만듭니다. '배려'나 '친절' 같은 추상적인 개념은 아이들이 경험하는 다양한 상황을 통해 구체화되고, 그 경험이 쌓일 때 명확해집니다. 아이들의 수만큼 다양한 성향의 친구들이 함께하는 교실이지만 친구들이 선호하는 것은 결국 따뜻한 위로, 경청하는 태도, 그리고 친절한 말입니다.

• • •

우리 학급에서 '친구들을 존중하고 친절하게 대하는 친구'를 묻는 설문에서 현지는 가장 자주 언급됩니다.

"피구를 하다가 실수를 해서 비난받을 때 현지가 다가와 '괜찮아. 그럴 수 있어'라고 말해줬어요."

"혼자 있을 때 현지가 '같이 놀래?'라고 먼저 다가와 말을 걸어 줬어요."

"현지는 항상 웃어주고 친근하게 대해줘요. 또 내 말을 잘 듣고 밝게 인사해 줘요."

"현지는 친한 친구를 따지지 않고 편견 없이 친절하게 대해줘요."

현지는 말수가 적은 아이입니다. 떠들썩하게 여러 명이 어울리는 곳보다는 조용한 곳에서 혼자 책을 읽거나 그림을 그리거나 한두 명의 친구와 마음을 나누지요. 현지는 혼자 있는 것이 힘들지 않은 내면이 단단한 아이입니다. 하지만 교실에서 혼자 있는 친구를 발견하면 그 친구가 혼자 있는 것이 힘들지 않게 친구에게 다가가 가만히 옆에 있어 줍니다. 친구가 말을 하면 눈을 맞추고 이야기를 들어주며 '그랬어?' 하고 공감의 반응을 보여주기도 합니다. 그 순간 아이들에게 현지는 마음의 위안이고 안식처가 되지요. 아이들은 현지의 태도를 기억하고 현지가 힘들 때 같은 방식으로 돌려줍니다.

쉬는 시간, 현지가 다가가지 않아도 현지의 자리에는 항상 친구들이 놀러와 주변을 가득 채웁니다. 그럴 때 현지는 무언가를 하고 있다가도 친구들의 방문에 따뜻한 미소로 환대하며 주변을 밝히지요. 아이들이 현지를 신뢰하고 좋아하는 이유를 확인하는 순간입니다.

세상에 공짜로 주어지는 것은 없습니다. 우정도 마찬가지죠. 우정에는 나의 노력이 전제되어야 합니다. 우정의 시작은 작은 마음이며 마음이 담긴 인사와 경청의 태도는 좋은 관계의 초석이 됩니다.

친구와 친해지는 경청의 말 3단계

① 첫 질문을 하고, 친구의 말을 끝까지 귀 기울여 듣기

→ "주말에 뭐 했어?"

② 친구의 말 속에서 궁금한 점 찾아 질문하기

→ "주말에 외갓집에 갔구나. 외갓집은 어디에 있어?"

③ 친구의 마음 읽기

→ "지난 주말에 경주에 있는 외갓집에서 외식도 하고 친척
들과 즐겁게 보냈을 것 같아."

🗨 연습

– 가정에서 웃으며 인사하는 문화 만들기 : "안녕하세요", "잘 먹
겠습니다" 등 일상에서 가벼운 인사하기를 습관화하기

– 친구의 말을 끝까지 듣고 그 마음을 헤아려보는 연습하기

3

위로와 걱정의 언어, 우리 아이는 얼마나 쓰고 있을까요?

"괜찮아?"

"걱정 많이 했어."

이 짧은 말 속에는 상대방의 마음을 움직이는 따뜻함이 숨어 있어요. 친구의 아픔에 공감하고, 마음을 나누는 말은 관계를 이어주는 다리와 같은 역할을 합니다.

• • •

현수가 며칠째 독감으로 결석했습니다. 교실에는 현수의 빈자리가 남아있지만 다른 아이들은 현수의 빈자리를 잊은 듯 보입니다. 하지만 현수의 단짝 소현이의 얼굴에는 걱정과 근심이 가득합니다. 소현이는 선생님과 눈이 마주치자 걱정스러운 얼굴로 선생님께 말했습니다.

"선생님, 현수가 아파서 걱정돼요. 어제도 아파서 계속 누워있었대요."

수업 준비를 하는 소현이의 손끝에도 걱정이 묻어 있는 것 같습니다. 친구가 아픈 동안 빈자리를 느끼는 아이의 마음이 그대로 전해졌습니다.

다음날, 현수가 등교했습니다. 현수를 가장 반기는 아이는 역시 소현이였습니다. 현수가 자리에 가방을 내려놓기 무섭게 다가

가 그동안 마음에 담아두었던 이야기를 합니다.

"현수야, 많이 아팠어? 이제 괜찮아?"

"이제 다 나았어. 너 진짜 내 걱정 많이 했구나!"

"그럼! 네가 없으니까 얼마나 심심했는지 몰라."

"걱정해줘서 고마워. 너도 아프지 마."

짧은 대화지만, 서로를 아끼는 마음이 느껴졌습니다. 교실에 다시 자리 잡은 현수의 웃음과, 며칠 동안 아픈 친구를 걱정하며 마음쓰던 소현이의 따뜻한 말 한마디가 마음의 문을 여는 열쇠가 되었습니다.

따뜻한 한마디는 친구의 마음을 여는 열쇠에요. 짧은 말 한마디가 누군가의 하루를 따뜻하게 바꿉니다.

아이의 말은 짧지만, 그 안에는 며칠 동안 이어진 걱정과 기다림이 담겨 있습니다. 걱정과 기다림을 말로 표현할 수 있다는 것은 아이의 마음이 한 뼘 자랐다는 신호이기도 합니다.

진심을 담아 친구의 마음을 여는 말 3단계

① 관심 보이기

→ "괜찮아?"

② 공감 표현하기

→ "걱정 많이 했어."

③ 따뜻한 마음 전하기

→ "이제 아프지마."

연습

- 오늘 하루, 친구에게 따뜻한 말 건네보기
- "괜찮아?", "고마워"로 시작하는 대화를 시도해보기

4

1학년 교실에서
일어난 작은 기적,
"내가 도와줄게"

"내가 도와줄까?"

이 말은 단순히 도움을 주는 말이 아니에요.

이 말에는 상대의 마음을 먼저 살피고 다가가는 섬세한 마음이 담겨있습니다.

· · ·

1학년 교실의 모둠 활동 시간, 아이들은 저마다 연필을 손에 쥐며 글씨 쓰기 활동을 시작했습니다. 모두가 서걱서걱 글을 써 내려갈 때 경보의 연필만 움직이지 않습니다. 선생님과 눈이 마주친 경보는 작은 목소리로 말했습니다.

"난 이거 못 쓰는데…."

그 순간, 같은 모둠 아이들이 경보의 공책을 힐끗 쳐다보았습니다.

"넌 한글 몰라? 왜 아직도 못 써?"

무심하게 던진 다현이의 한마디가 교실 공기를 무겁게 흔들었습니다. 그 말을 들은 경보의 어깨는 눈에 띄게 움츠러들었고, 눈빛도 흔들렸습니다.

"경보도 쓸 수 있어. 내가 도와줄까? 내가 도와줄게."

경보의 짝인 지윤이가 경보의 표정을 살피더니, 조용히 자기 공책을 경보 앞으로 살짝 밀어주었습니다.

"고마워."

경보는 작은 목소리로 대답했지만, 그 말 속에는 안도의 숨이 담겨있었습니다.

잠시 후, 경보의 얼굴에 서서히 웃음이 번졌습니다.

"어, 나도 되네!"

마음 속 작은 기쁨이 커져 밖으로 터져나오듯 경보의 눈이 반짝였습니다.

배려는 '도와주는 행동'보다 '살피는 눈'과 '따뜻한 말'에서 시작됩니다. 작은 관심이 쌓이면, 아이의 마음은 점점 더 깊고 따뜻해집니다. 도움을 받는 순간, 아이는 부끄러움 대신 '나도 할 수 있다'라는 마음을 얻게 됩니다.

섬세한 관찰력이 더해진 말 3단계

① 상대 살피기

→ '도움이 필요해 보이네.'

② 조심스럽게 제안하기

→ "내가 도와줄까?"

③ 진심 전하기

→ "함께 하니까 더 좋다!"

- 친구가 어려워하는 일 살펴보기
- "내가 도와줄까?"라고 말해보기

화가 난
친구를 따뜻하게
녹이는 방법

"아, 그래서 그랬구나."

이 짧은 한마디가 친구의 마음을 열어줄 수 있습니다.

공감은 문제를 바로 해결하려는 성급한 마음 보다, 상대방의 마음을 먼저 이해하려는 태도에서 시작되기 때문이죠.

· · ·

우영이가 점심시간에 급식을 받으려 줄을 서 있었습니다.

그런데 물을 마시고 늦게 온 친구들이 아무 말 없이 우영이 앞에 끼어들었습니다.

우영이는 "늦게 왔으면 뒤로 가야지!"하고 말했지만, 친구들은 우영이의 말을 무시하고 우영이 앞줄에 서서 잡담을 하기 시작했지요.

속이 상한 우영이의 얼굴이 빨갛게 달아올랐습니다. 그때, 민세가 조용히 다가와 물었습니다.

"무슨 일이야, 우영아?"

우영이는 민세에게 소리치듯 큰소리로 억울한 마음을 쏟아냈습니다.

"물 마시러 갔다 왔으면 뒤에 서야지! 왜 새치기를 해?"

민세는 우영이의 말을 다 들은 뒤 말했습니다.

"아, 그래서 그랬구나. 걔네가 끼어들어서 진짜 화났겠다."

속상한 마음을 어루만지는 민세의 말 한 마디에 우영이의 목

소리가 차분해지고 얼굴의 열기도 조금씩 식어 갔습니다. 우영이가 화를 낸 이유와 과정을 민세가 이해한다고 생각했기 때문입니다. 화가 날 수밖에 없었던 우영이의 마음을 민세가 이해해 주자, 우영이의 화는 누그러졌습니다. 우영이에게 어떤 특별한 말이 필요한 것은 아니었습니다. 그 순간의 우영이에게는 자신의 속상하고 억울한 감정을 오롯이 인정해 줄 누군가가 필요했던 것이지요.

공감은 문제를 해결하는 말이 아니라 마음을 이어주는 말이에요. "아, 그래서 그랬구나" 같은 말 한마디로도 친구의 마음을 따뜻하게 어루만져줄 수 있답니다.

친구의 마음을 녹이는 공감의 말 3단계

① 경청하기

→ 상대의 말을 끝까지 듣기

② 이해하기

→ "그랬구나, 그런 일이 있었구나."

③ 감정 인정하기

→ "화가 났겠다."

🗨 연습

– 상대의 말을 끊지 않고 집중해서 끝까지 듣는 연습하기

– 조언하거나 평가하지 않고 "아, 그래서 그랬구나"라고 먼저 말해보기

친구를
춤추게 하는
칭찬의 기술

"오늘 옷이 참 잘 어울린다!"

단순해 보이지만 이 말 속에는 친구에 대한 따뜻한 관심이 들어있어요. 같은 인사라도 친구에 대한 관심에서 비롯된 말은 친구에게 '나를 소중히 여기는구나'라는 긍정적인 느낌을 주게 됩니다.

• • •

화정이는 내향적인 아이입니다. '나 오늘 어때?' 하고 친구들에게 물어보는 것을 힘들어하죠.

어느 날, 평소와 다르게 머리를 땋고 등교한 화정이는 친구들

이 알아봐 주기를 기대했지만 이른 아침 짧은 시간을 쪼개어 놀기 바쁜 친구들은 화정이의 변화를 눈치 채지 못했어요. 화정이의 얼굴에 실망의 그늘이 드리우기 시작하는 찰나, 지오가 화정이의 작은 변화를 알아차리고 다가왔습니다.

"화정아, 오늘 머리 땋았네! 땋은 머리도 잘 어울린다. 엘사 같아! 분홍 머리끈도 옷 색깔이랑 맞춘 거야?"

지오는 화정이를 세심히 살펴 구체적인 관심이 담긴 선물 같은 말을 화정이에게 주었습니다. 지오의 칭찬과 관심에 기분이 좋아진 화정이는 쉬는 시간에 지오에게도 머리를 땋아주겠다고 제안하며 지오의 자리에서 한참을 기분 좋게 보냈습니다.

친구의 변화를 알아차리려면 먼저 친구를 긍정적으로 바라보려는 마음을 가져야 합니다. '저 친구는 내 말을 잘 들어줘서 좋아', '저 친구는 매일 일찍 등교하네', '저 친구는 운동 신경이 참 좋은 것 같아'하고 친구의 장점을 찾아가다 보면 어느 순간 친구의 작은 변화를 발견할 수 있습니다. 찾은 장점을 '칭찬'이라는 이름으로 표현해도 좋습니다. 칭찬은 친구와 우정을 쌓아갈 수 있는 첫 단추가 될테니까요.

친구를 기분 좋게 하는 칭찬의 말 3단계

① 친구의 모습이나 행동을 관찰하기

→ "화정이가 머리를 땋고 왔네!"

② 친구의 장점 찾아 표현하기

→ "머리가 엘사 같아. 머리끈과 옷 색깔도 잘 어울리고."

③ 마음 표현하기

→ "정말 예쁘다."

🗨 연습

– 친구의 작은 변화(머리 모양, 새로운 학용품 등)를 관찰하고 말로 표현하는 연습하기

– 친구의 변화를 발견했다면, 긍정적인 시선과 칭찬의 말로 바꾸어 전달해보기

칭찬받는
아이의
진짜 비밀

아이들은 누구나 "잘했다"라는 말을 듣고 싶어합니다. 그중에서도 특히 기분이 좋아지는 칭찬은 친구에게 듣는 것 입니다. 그런데 막상 친구를 칭찬하려고 하면 괜히 쑥스럽고, 살짝 질투도 나서 말이 잘 안 나옵니다. 그래서 마음속으로는 '멋지다'라고 생각하면서도, 입 밖으로는 아무 말도 못 하고 그냥 지나가곤 합니다.

친구에게 칭찬 한마디 하는 것이 왜 그렇게 어려울까요?

$\cdots$

　우리 반 회장 채은이 주위에는 항상 친구들이 많습니다. 어느 날 채은이와 친구들이 교실 한편에 모여 이야기하는 것을 들었습니다. 채은이는 수학 단원평가에서 90점, 세빈이는 100점이었습니다. 자기보다 점수가 높은 세빈이가 부럽기도 할 텐데 채은이는 일단 칭찬부터 해 줍니다.

　"시험 100점이라며? 대단하다."

　"너 이번에 정말 열심히 했더라. 정말 축하해."

　세빈이의 기분이 좋아 보입니다. 세빈이도 이에 질세라 채은이를 칭찬해줍니다.

　"너는 저번에 피아노 콩쿨 대상 받았잖아. 정말 축하해."

　채은이가 속해있는 곳에서는 서로 칭찬하느라 바쁩니다. 덩달아 기분 좋아진 아이들의 웃음소리가 끊이지 않습니다.

칭찬은 받는 아이뿐만 아니라 하는 아이도 함께 자랍니다. 다른 사람을 긍정적으로 볼 수 있을 때 비로소, 자신을 긍정적으로 볼 수 있기 때문이죠. 칭찬의 비밀 중 한 가지는 칭찬을 받아 본 아이들이 칭찬을 잘 한다는 것입니다. 아이들은 내가 보고 들은 만큼 말할 수 있기 때문입니다. 가정에서 아이들에게 칭찬을 자주 해주어야 하는 이유이기도 합니다.

자연스러운 칭찬의 말 3단계

① 친구가 칭찬받을 만한 일을 자연스럽게 되묻기
   → "너 이번 수학시험 100점이야?"
② 친구가 이룬 결과의 과정 말하기
   → "너 요즘 공부 진짜 열심히 하는 것 같더라."
③ 진심을 담아 칭찬하는 말 덧붙이기
   → "정말 축하해."

📢 연습

- 칭찬하는 말을 해보고 어떤 느낌이 드는지 생각해보기
- 칭찬할 만 한 점이 있는 친구를 떠올려 3단계로 연습해보기

불안을 멈추게 한 짝꿍의 첫인사

"같이 해보자."

이 말에는 '우리'라는 든든한 공동체 의식과 '함께'라는 다정한 마음이 담겨있습니다.

안전한 공동체를 만들고 교실을 평화롭게 만드는 것은 거창한 것에서 시작하지 않습니다. 오히려 작은 용기에서 시작하죠.

• • •

새 학년 첫날, 교실은 설렘과 긴장으로 뒤섞여 분주했습니다. 아이들은 여기저기서 작은 목소리로 인사를 나누었지만, 아직 어색함이 가득한 시간이었습니다.

그중 자폐 스펙트럼인 연우는 낯선 환경에 적응하기 힘들어 보였습니다. 익숙하지 않은 교실과 선생님, 친구들까지, 모든 것이 연우에게는 불안을 주는 '낯선 환경'일 뿐이었습니다. 결국 연우는 울면서 교실 문을 뛰쳐나갔고 불안한 마음을 감추지 못했습니다.

아이들에게 조심스럽게 말했습니다.

"혹시 연우랑 짝꿍 해 줄 사람 있을까요? 옆에서 연우를 도와줄 친구가 필요해요."

교실은 순간 잠잠해졌고, 혹시 아무도 손을 들지 않는 건 아닐까 하는 걱정이 스쳤습니다.

"제가 할게요. 제가 연우 도와줄 수 있어요."

"승유야, 정말 고마워. 앞으로 잘 부탁해."

"연우야. 우리 같이 해보자. 내가 도와줄게."

승유는 연우의 눈높이에 맞춰 앉아 조용히 말을 건넸습니다.

처음에는 겁먹은 듯 승유를 바라보던 연우가, 조금씩 울음을 멈추고 옆에 앉기 시작했습니다. 승유는 연우와 작년에도 같은 반이었습니다. 낯익은 친구가 짝이 되자 연우의 표정에서 긴장감이 서서히 풀렸습니다.

승유의 작은 용기가 교실의 분위기를 따뜻하게 바꾸어 놓았습니다. 새 학년 첫날, 연우를 향해 건넨 승유의 말 한마디는 그 어떤 준비물보다 큰 의미가 있는 선물이었습니다.

도움은 누가 시켜서 하는 일이 아니라, 스스로 하고 싶어서 하는 마음입니다. 작은 도움 하나가 누군가의 세상을 밝히고, 아이의 마음에 따뜻한 자신감을 키웁니다.

같이하자고 이야기 해주고, 함께 시작하는 순간 아이들은 자연스럽게 '우리'가 됩니다.

친구에게 도움을 주는 격려의 말 3단계

① 관심 가지기

→ "무슨 일 있어? 내가 도와줄까?"

② 함께하기

→ "우리 같이 해보자."

③ 상대방 살피기

→ "어때? 괜찮아?"

연습

- 가족이나 친구에게 "내가 도와줄까?" 먼저 말해보기

- 도움을 주고 난 후의 감정 이야기 나누기

9
이기는
법보다 중요한
'위로하는 법'

"너 아까 진짜 열심히 했어. 잘했어. 괜찮아."

이 말에는 최선을 다한 친구의 노력을 알아봐 주고, 속상한 마음을 감싸주려는 노력이 담겨 있습니다.

상처 난 마음을 이해해주고 함께 교감하는 마음, 그것이 진짜 위로입니다.

• • •

재유는 평소 승패에 굉장히 민감한 아이입니다. 감정을 조절하는 것과 표현하는 것에 어려움도 겪고 있지요. 체육대회 날, 연이은 패배로 재유는 얼굴이 붉어지고 친구들에게 화를 냈습니다.

"아, 진짜 왜 그렇게 해! 이길 수도 있었잖아!"

재유의 채찍같은 비난의 말에 반 분위기가 얼어붙은 순간, 준규가 큰 목소리로 외쳤습니다.

"아직 끝나지 않았어! 끝까지 해보자."

준규의 말을 들은 친구들은 준규를 따라 같이 응원하기 시작했고 화를 주체하지 못하던 재유 역시 준규의 말 한마디에 마음을 가라앉히고 차분하게 다시 경기에 임할 수 있었습니다.

하지만 그럼에도 불구하고, 끝내 우리 반은 체육대회에서 꼴찌를 했습니다. 재유는 서러운 듯, 체육관 한쪽에서 울음을 터뜨렸습니다. 준규가 조용히 다가가 울고 있는 재유의 어깨를 토닥이며 말했습니다.

"재유야, 너 아까 진짜 열심히 했어. 잘했어. 괜찮아, 다음 경기 때 이기면 되지."

그 모습을 본 친구들도 준규처럼 재유 옆에 다가와 위로하였습니다. 재유는 감정을 추스르기 시작했고 그날 이후 준규 곁에 자주 머물며 활동 중에도 더 차분하게 참여하는 모습을 보여주었습니다.

그 날 피구 경기에서는 졌지만, 재유는 준규라는 좋은 친구를 얻었습니다.

"괜찮아"는 슬픔을 덮는 말이 아니라, 함께 견디는 힘을 주는 말입니다.

함께한다는 마음을 보여주는 말 3단계

① 노력과 감정을 먼저 알아주기

→ "너 아까 진짜 열심히 했어."

② 잘한 점을 구체적으로 짚어 주기

→ "스타트도 빨랐고, 중간에 힘들어도 끝까지 안 멈춘 거 진짜 멋있었어."

③ 함께하고 있다는 마음 전하기

→ "이번에는 졌지만, 다음에 또 같이 해보자. 나는 네 편이야."

📭 연습

- 아이가 속상해할 때 "그럴 수도 있어", "다시 하면 돼"처럼 감정을 받아주는 말 연습하기

- 결과보다 끝까지 포기하지 않은 모습을 함께 이야기하며 감정 다독이기

10

속상한 친구를
위로해 주고 싶다면
어떻게 말할까요?

친구가 속상해 보일 때, 위로를 건넬 수 있는 첫 마디는 무엇일까요? 친구의 속상함을 위로하는 가장 첫 단추는 바로 친구의 이야기를 '끊지 않고 들어주는 것' 입니다. 조언보다 경청이 먼저입니다.

· · ·

쉬는 시간, 재연이는 책상에 팔을 괴고 고개를 숙인 채 조용히 앉아있었어요. 평소처럼 떠들며 놀지 않는 모습이 이상해서 정우는 재연이 자리로 조심스럽게 다가갔습니다.

"재연아, 무슨 일 있어? 말해봐. 내가 들어줄게."

잠시 망설이던 재연이는 작은 목소리로 입을 열었어요.

"내가 만든 곤충 신문을 아무도 안 봐서 속상해. 말벌이랑 신기한 곤충들 얘기 열심히 썼는데, 그냥 아무도 관심 없는 것 같아…."

정우는 "에이, 그럴 수도 있지"라고 바로 넘기지 않았어요. 재연이를 바라보며 고개를 천천히 끄덕이고, 중간에 끼어들지 않고 재연이의 이야기를 끝까지 들어주었습니다. 재연이가 주말에 책을 찾아보며 말벌에 관한 기사를 썼다는 이야기, 게시판에 붙였는데 아무도 읽지 않는 것 같아서 기분이 안 좋다는 속마음 등 재연이는 마음속에 담아둔 이야기를 정우에게 하소연했지요.

"열심히 만들었는데 진짜 속상했겠다."

공감해 주는 정우의 말에 굳어있던 재연이의 표정이 조금 풀어졌어요. 그제야 정우는 조심스럽게 제안했습니다.

"친구들이 게시판에 그 신문이 있는지 잘 몰라서 안 본 걸 수도 있어. 그러면 내가 같이 곤충 신문 홍보해 줄까?"

"정말? 그럼 좋겠다…."

잠시 후, 두 친구는 함께 교실을 돌며 말했어요.

"얘들아, 우리 게시판에 재밌는 곤충 신문이 있어! 말벌이랑 재밌는 곤충 이야기가 많아!"

처음에는 한두 명이 슬쩍 다가와 게시판을 읽어 보더니, 곧 친구들이 조금씩 더 모여들었어요. 곤충 신문 앞에 친구들이 고개를 가까이 대고 읽는 모습을 보자, 재연이와 정우는 마주 보고 씨익 웃음을ㅈ 지었습니다.

귀 기울여 잘 들어주는 것 자체가 때로는 큰 위로가 됩니다. 친구가 힘들어할 때 진심으로 이야기를 들어 주는 경험을 자주 할수록, 아이의 마음도 더 깊고 넓게 자라날 거예요.

속상한 친구를 위로하는 말 3단계

① 친구의 마음에 공감해주기

　→ "열심히 했는데 속상했겠다."

② 친구의 말을 중간에 끊지 않고 끝까지 듣기

　→ 고개를 끄덕이며, "응", "그래서?"

③ 함께 해결 방법 찾아보기

　→ "그럼 이렇게 해보면 어떨까?"

연습

- 친구가 힘들어 보일 때, "왜 그래?"만 묻고 끝내지 말고, 옆에 앉아 조용히 이야기를 들어주는 연습하기

- 가족과 대화할 때, 상대방의 말을 중간에 끊지 않고 끝까지 들어본 뒤, "그래서 기분이 어땠어?"라고 물어보는 연습하기

11

다른 의견을 잇는 아이의 경청 대화법

"네가 먼저 말해. 내가 들어줄게."

단순해 보이는 말이지만 누구나 할 수 있는 평범한 말이 아니에요. 서로의 생각을 존중하며 대화를 이끄는 부드러운 리더십의 시작이 되는 말이지요.

· · ·

국어 시간 '자료를 활용하여 발표하기' 준비로 교실은 떠들썩했어요. 모둠별로 어떤 주제를 고를까 머리를 맞대고 열띤 토의가 벌어졌고, 아이들은 서로 자신의 의견이 선택되기를 바라며 목소리를 높여 이야기했어요.

"얘들아, 우리 조는 뭘 발표하지?"

"음…. 나는 역사책에서 읽었던 위인 이야기가 좋을 것 같아."

유진이가 조심스럽게 위인 이야기를 제안하자, 민호는 "에이, 재미없어!"라고 대답했죠. 준수도 손을 들며 의견을 냈지만, 태민이는 듣는 둥 마는 둥 연필만 돌리고 있었어요.

그때, 조용히 듣고 있던 수아가 부드럽게 말했어요.

"유진이가 말한 위인 소개도 좋고, 준수가 말한 화산 분출 실험도 멋진데? 우리 각자 어떤 생각을 했는지 한 명씩 이야기해 보자. 왜 좋은지도 말해주면 더 좋을 것 같아."

수아의 말에 친구들은 고개를 끄덕였어요. 태민이는 연필을 내려놓고 참여했고, 민호도 "그럼 내 얘기도 웃지 않고 들어줄 거야?"라며 물었어요. 수아는 활짝 웃으며 "그럼! 모든 의견은 소중해!"라고 대답했어요.

리더는 말보다 '듣는 힘'으로 사람을 움직입니다. 부드럽게 듣고, 따뜻하게 연결하는 대화가 진짜 리더십을 만듭니다.

경청을 기초로 한 리더십을 기르는 말 3단계

① 먼저 듣기

　→ 상대의 말을 끊지 않고 끝까지 듣기

② 다시 비춰주기

　→ "그 말은 이런 뜻이지?"처럼 되돌려 말해주기

③ 함께 생각하기

　→ "그럼 이건 어때?"로 의견을 이어가기

🗨️ 연습

– 친구의 말을 끝까지 들어보기

– 친구의 말을 '되돌려 말하기'로 확인해 보기

12

친구가
상처받을 때 용기 있게
지켜주는 방법

나의 말 한마디가 때로는 어려움에 처한 누군가를 지켜주는 용기 있는 말이 될 수 있어요.

속상한 마음을 표현하기 어려워하는 친구의 감정을 알아차리고 친구를 대신해 표현해주는 말로 친구를 지켜주는 대화 연습을 해볼까요?

• • •

쉬는 시간, 세라가 손을 씻고 돌아왔습니다. 그런데 바지에 물이 튄 곳이 하필 친구들이 오해하기 쉬운 곳이었습니다. 수호가 웃으며 말했습니다.

"야, 세라 봐. 바지에 저게 뭐야?"

세라는 얼굴이 붉어지며 말했습니다.

"손 씻을 때 물 묻은 거야."

하지만 수호는 계속 장난을 쳤습니다.

"물 묻은 거 아닌 거 같은데?"

부끄러움에 얼굴이 붉어진 세라가 수호를 노려보았습니다.

그때, 옆에 있던 수지가 차분히 말했습니다.

"세라 민망하겠다. 그만해."

수지의 한마디에 수호는 순간 멈칫했고, 세라의 얼굴에도 서서히 안도의 기색이 스며들었습니다. 수호는 자신의 행동을 돌아보며 반성했고, 세라 역시 민망함에 붉어졌던 얼굴이 가라앉으며 마음이 한결 편안해 보였습니다. 수지의 말 한마디에는 상대의 감

정을 읽고 보호하는 힘이 있었지요.

　곤란한 상황에 처해있는 친구에게 도움을 주는 일은 용기 있는 행동이에요. 상대를 비난하지 않으면서도 부드럽게 분위기를 바꾸는 말을 연습한다면 소중한 친구의 마음을 지켜줄 수 있어요.

곤란한 상황에 처한 친구를 도와주는 말 3단계

① 감정 읽기
→ "세라 민망하겠다."

② 부드럽게 전달하기
→ "장난인 건 알겠는데, 세라가 조금 불편해하는 것 같아."

③ 행동 제안하기
→ "이제 그 얘기는 하지 말자."

- 친구가 놀림 받는 상황을 떠올리고 곤란한 상황에 처한 친구를 도와주는 말 3단계로 말해보기

- 가족 대화 속에서도 가족의 마음이 어떨지 생각해보기

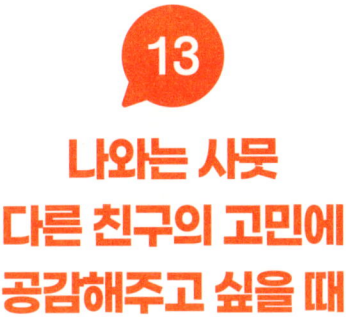

나와는 사뭇 다른 친구의 고민에 공감해주고 싶을 때

"나도 그래."

상대에게 공감을 표현할 때 많이 사용되는 말이에요.

그런데, 진짜 공감은 상대의 마음에 시선을 두는 것에서 시작돼요.

"너는 그렇구나."

이 한마디에는 상대의 감정을 인정하고 이해하려는 마음이 담겨있어요.

말의 초점이 '너'의 입장에 맞추어져 있기 때문이죠. 같은 공감의 말이라도 '나'의 입장에서 하는 것과 '너'의 입장에서 하는 것은 상대방이 듣기에 마음의 울림이 다릅니다.

＊ ＊ ＊

형서는 우리 학교에서 가장 친구가 많은 아이예요. 항상 주변이 북적북적하죠. 그런 형서가 어느 날 지섭이를 찾아와 고민을 털어놓아요.

"지섭아, 나도 너처럼 친구가 조금만 있었으면 좋겠어."

"형서는 나와 다르게 그런 고민이 있구나. 요즘 친구들이 형서 너한테 부탁하는 게 많던데, 그래서 그래?"

"응, 요즘 친구들이 나한테 부탁을 너무 많이 해. 다 들어줄 수도 없고."

"형서라면 친구들의 부탁을 거절하는 게 미안해서 힘들었겠다. 하지만 네가 힘들면 그 부탁을 거절해도 돼."

그 말을 들은 형서가 다소 걱정스러운 표정을 지어요.

"근데 친구들이 날 싫어하면 어떡해?"

"진짜 친구라면 거절하는 너의 마음을 이해할 거야. 거절 한 번 했다고 널 싫어하면, 그러라 해."

형서는 지섭이의 말을 듣고 미소 지었어요. '나를 이해해주는 친구가 있구나' 하는 마음이 들어서였죠.

진짜 공감은 내가 아닌 상대 입장을 바라보는 "너는~"에서 시작돼요. 친구 입장에서 감정을 인정해주면 받아들이는 친구의 마음도 한결 편안해져요.

상대방의 입장을 이해하는 공감의 말 3단계

① 상대를 관찰하기

→ "형서는 요즘 친구들의 부탁을 많이 받고 있구나."

② 성격과 상황 파악하기

→ "형서는 친구가 많고, 부탁을 거절하기 어려워하네."

③ 상대의 마음 이해하기

→ "형서는 친구들의 부탁을 거절하는 게 미안한 마음일 것 같아."

🗨 연습

- 주변의 사람을 유심히 관찰하기

- 공감을 필요로 하는 사람에게 "너는 그랬겠구나"라고 말해보기

'조용히 하자'
한마디를 모두가
따르게 만든 비밀

"얘들아, 우리 ○○ 하자."

리더십은 '앞장서는 힘'이 아니라, 함께하게 만드는 힘이에요. 진짜 리더는 말 한마디로 친구들의 마음을 움직입니다.

리더의 말 이면에는 그동안 친구들을 대했던 존중의 태도와 배려의 말, 그 속에서 친구들이 느꼈던 감사와 신뢰의 감정들이 스며들어 있기 때문이죠. 리더의 말에는 누구도 함부로 하지 못하는 '말의 무게'가 실려있습니다.

• • •

어느 날, 선생님이 감기에 걸려 목소리가 잘 나오지 않았습니

다. 아침 인사를 하려 했지만, 목에서 쉰 소리만 간신히 흘러나왔
지요. 아이들은 평소와는 다른 선생님의 목소리에 놀란 듯 서로
얼굴을 보며 웅성거리기 시작했습니다.

"얘들아, 선생님이 감기에 걸려서 목소리가 나오지 않아. 인어
공주가 되었어."

아이들은 순간 피식 웃기도 하고, "진짜요?"라며 속삭이기도
했습니다. 교실은 금방 소란스러워질 기세였습니다. 그때, 학급회
장인 태웅이가 자리에서 벌떡 일어났습니다.

"얘들아, 선생님께서 목소리가 안 나오신대. 모두 조용히 하
자."

아이들은 순식간에 조용해졌습니다. 선생님이 부탁한 것도 아

니었습니다. 선생님의 작은 신호 하나만 보고 선생님의 상황과 마음을 알아차리고, 내가 할 수 있는 말과 행동으로 옮긴 것이지요.

책임감 있게 행동하는 태웅이를 아이들도 믿고 따릅니다. 평소에도 친구들을 살피고, 먼저 도움을 주는 태도를 보여온 덕분입니다. 태웅이의 한마디는 그날의 수업을 무사히 이어갈 수 있게 해 준 든든한 버팀목이었습니다.

리더십은 태어나면서 생기는 능력이 아니라, 소통 속에서 자라는 마음의 기술이에요. '우리 ○○하자'라는 부드러운 말은 친구들의 마음과 행동의 변화를 이끕니다.

친구의 어려움을 지나치지 않고 손을 내밀어 함께 하는 순간, 아이들은 자연스럽게 '우리'가 됩니다.

배려와 소통이 담긴 리더십 있는 말 3단계

① 상황 파악하기

　→ '지금 어떤 도움이 필요할까?'

② 함께 제안하기

　→ "얘들아, 우리 조용히 하자."

③ 감사로 마무리하기

　→ "고마워. 모두들 덕분에 잘할 수 있었어."

🗨️ 연습

– "우리 같이 ~하자"라는 말 실천해보기

– 집에서도 가족에게 "우리 같이 정리하자", "우리 같이 산책하자"라고 말해보기

15

피구 하다가 결정적 실수를 한 친구에게 무슨 말을 할까요?

"괜찮아, 그럴 수 있지."

실수가 일상인 아이들은 내가 듣고 싶은 말을 해주는 친구에게 큰 위로를 받습니다. 실수를 했더라도 결과가 주는 감정에 사로잡히지 않고, 노력한 과정에 집중해 짧지만 다정한 말을 건네는 친구와 마음을 나누고 싶어하죠..

· · ·

아이들이 손꼽아 기다리는 체육 시간, 아이들이 입 모아 매일 하고 싶다고 외치는 경기는 바로 피구입니다. 오늘 운 좋게 피구 경기를 하게 되었습니다. 팀을 정하는 순간부터 공격권을 어느 팀이 가져갈 것인지 선택하는 순간까지 매 순간 아이들의 얼굴에는 진지함이 서려 있습니다. 점수를 주고받고, 경기 분위기가 무르익던 바로 그때, 손에 땀이 났는지 하늘이가 평소에 하지 않던 패스 실수를 합니다. 믿고 맡기던 공격수 하늘이의 결정적인 실책에 승부욕에 불타던 친구들의 비난의 화살이 쏟아집니다.

"그것도 못 받냐!"

"쟤, 완전 트롤 아니야?"

아이들은 앞다투어 끓어오르는 부정적인 감정을 하늘이에게 쏟아부었습니다. 친구들의 집중 비난에 하늘이가 얼어붙어 있을 때, 영민이가 다가갔습니다.

"괜찮아. 그럴 수 있지. 일부러 그런 것도 아닌데…. 나도 피구 하다가 패스 실수한 적 많아."

영민이가 건넨 위로의 말에 하늘이의 경직된 표정이 풀렸고, 이를 본 다른 친구들은 그제서야 '아차!' 하는 표정으로 위로에 동참했습니다.

아이들은 나의 실수를 이해해주고, 내 마음을 잘 알아주는 친구와 우정을 만들고 싶어 합니다. 다정한 위로를 하기 위해서는 자신의 감정을 잘 다스려야 합니다.

나의 감정을 알아차리고 조절하면, 실수에 어쩔 줄 몰라하는 친구의 모습이 저절로 보입니다. 친구의 진짜 모습이 보이면 누가 시키지 않아도 친구에게 진심어린 위로의 말을 할 수 있게 됩니다.

내 감정을 조절하고 친구를 공감하는 말 3단계

① 나의 마음 알아차리기

　　→ '나 지금 좀 기분이 안 좋아졌어.'

② 심호흡으로 진정하기

　　→ (마음속으로) '하나, 둘, 셋' 숨 크게 들이마시고 내쉬기

③ 역지사지 위로하기

　　→ "괜찮아. 그럴 수도 있지. 일부러 그런 거 아니잖아."

🗨 연습

– 감정이 격해지는 순간, 3초간 심호흡을 하고 이야기하는 습관 들이기

– 가족이나 친구의 실수를 봤을 때, 비난 대신 공감의 말로 시작 해보기

16

말에도
가시가
있어요

"이것 왜 안 했어?"

궁금해서 한 이 질문은 상대방에게는 이유를 다그치는 추궁처럼 들립니다. 과학에서 '왜'는 너무나 중요한 말이지만 관계에서 '왜'는 평가 당하는 기분이 들어서 불편한 감정이 올라오게 만들어요.

반면 "이것 안 되어 있네!"처럼 관찰한 사실을 중심에 둔 말은 사뭇 다르게 들립니다. 실수한 '나'를 평가하는 말이 아닌 내가 놓친 '부분'에 중심을 두고 하는 말은 나의 행동을 객관적으로 볼 수 있도록 도움을 주는 말입니다. 행동에 중점을 둔 말은 자아 성찰로 이어질 수 있지만, 상대방이 느끼기에 나의 존재가 부정당하는 느낌이 들게 되면 자기 방어기제가 발동하여 공격적으로 반응할 수 있어요. 친구의 실수를 봤을 때, 어떻게 말하느냐에 따라서 관계가 좋아질 수도 나빠질 수도 있습니다.

• • •

그날도 도훈이는 비속어를 썼지만 학급의 약속인 성찰문에 적지 않았습니다. 성수가 조용히 다가가 말했어요.

"도훈아, 비속어 사용했는데 성찰문에 안 적혀져 있네."

도훈이는 잠시 머뭇거리더니 고개를 끄덕였습니다.

"응, 지금 쓸게."

교실에서 일어나는 많은 갈등은 말에서 비롯되는 경우가 많고

말은 관계에 큰 영향을 미치게 됩니다. 친구의 잘못을 지적할 때는 기다려 주는 태도와 비난하지 않고 부드럽게 표현하는 말투가 중요합니다. 아무리 좋은 충고도 상대가 받아들일 준비가 되어 있지 않으면 상처가 될 수 있어요.

'몸에 좋은 약은 입에 쓰다'라는 속담처럼 친구의 성장을 진정으로 바란다면 친구가 옳은 방향으로 갈 수 있도록 돕는 일은 가치가 있습니다. 하지만 그것이 친구의 마음을 아프게 하거나 비수처럼 날아와 꽂히는 거친 말이라면 하지 않는 편이 오히려 낫습니다.

'충조평판'(충고, 조언, 평가, 판단)은 교우 관계를 경직되게 만들기 때문에 주의해야 합니다. 대신 비난과 같은 가시를 빼고 관찰한 사실에 근거한 표현을 하면 상대방은 자신을 위해서 알려주었다고 느끼게 됩니다.

충고, 조언, 평가, 판단의 말은 비난이나 조롱으로 들리기 쉬워요. 대신 관찰을 통해 알게 된 사실만을 말하면, 듣는 친구의 기분이 상하지 않고 스스로 해야 할 행동으로 이어질 수 있어요.

말의 가시를 빼고 부드럽게 다가가는 말 3단계

① 자신의 마음 알아차리기

→ '친구가 조심하지 않고 달려와 부딪혀 물이 쏟아져 속상해.'

② 충고, 조언, 평가, 판단의 말로 표현하지 않고, 관찰을 통해 알게 된 사실만 말하기

→ "너 때문에 엉망이 되었잖아!"

⇒ "우리가 부딪혀서 물이 쏟아져 버렸네!"

③ 상대의 반응 기다려 주기

→ (친구) "미안해!"

⇒ (나) "나도 조심해야 했는데, 미안해. 같이 닦을까?"

🗨 연습

– 평소에 내가 하는 말 적어보고 어디에 해당하는 말인지 확인하기

– 친구에게 '충고, 조언, 평가, 판단' 대신 일어난 사실만을 말로 표현해 보기

"너도 같이 할래?"
마음을 녹이는 마법의 주문

쉬는 시간, 교실 속 풍경은 수업시간과는 판이합니다. 상대적으로 짧은 10분이라는 시간을 활용해 화장실도 다녀와야 하고, 요즘 교실에서 유행하고 있는 놀이도 한 판쯤 해야 하니까요. 그 시간의 아이들을 보고 있으면 '시간을 압축적으로 쓰는 것이란 저런 것이구나' 하는 생각을 하게 됩니다. 주어진 시간이 짧다 보니 여유롭게 누군가를 살펴보거나 돌아보기는 더욱 어렵습니다. 아이들의 시야는 아직 어른처럼 넓지 않기 때문이죠. 아직 자기중심적 경향을 완전히 벗어나지 못한 발달단계에 속해있기 때문이기도 하지요.

재영이는 친구들을 좋아합니다. 하지만 친구들과 어떻게 어울려야 할지 잘 알지 못합니다. 나름의 표현을 하지만 그마저도 서툴러서 친구들이 좋아하는 방식은 아닙니다. 어느 날은 친구들 사이에서 관심을 받고 싶어 "개덥다!"라고 했는데 친구들이 비속어가 불편하다고 선생님께 알려 교실에서 나쁜 말은 하면 안된다는 훈육을 들었습니다. 또 어떤 날에는 준이와 놀고 싶어 뒤에서 끌어안았다가 의도치 않게 헤드락을 하는 모양이 되어 준이를 괴롭게 하고 말았습니다. 모둠 활동에서 내 의견을 신나게 이야기하다가 주변이 조용해져서 친구들을 돌아보면 친구들은 '쟤 또 혼자서 자기 이야기만 하네' 하는 눈빛으로 보고 있습니다.

부정적인 경험들이 쌓이다 보니 재영이는 점점 자신이 없어졌습니다. 어느 날에는 화가 나서 될 대로 되라는 심정으로 말을 걸어오는 서우에게 욕을 퍼붓고 주먹을 날리기도 했습니다. 이제 재영이는 쉬는 시간이 오는 것이 무섭습니다. 친구들과 노는 법을 누군가 가르쳐주었으면 좋겠는데 아무도 가르쳐 주지 않고 놀이에 끼워주지도 않습니다.

오늘도 재영이는 즐겁게 노는 아이들 사이에서 의연한 척, 친구들과 어울리고 싶은 마음을 숨긴 채 화가 난 척 책상에 앉아 몇

분째 연습장에 동그라미만 그리고 있습니다. 화장실을 천천히 다녀오고 나서도 쉬는 시간이 너무 깁니다. 마음에 먹구름이 끼고 왠지 눈물이 날 것 같은지, 화가 날 것 같은지 갈피를 잡지 못하고 있는 그때, 형수가 다가옵니다.

"재영아, 우리 루핑루이 할 건데 같이 할래?"

형수의 말에 재영이의 마음에 햇살 한 줄기가 비칩니다. 이내 재영이의 얼굴이 환하게 밝아졌습니다.

"그래, 좋아."

먼저 다가와 준 형수 덕분에 오늘 재영이의 기분은 맑음입니다.

교실을 둘러보면 형수처럼 친구들의 마음에 반짝 불을 밝혀주는 친구들이 꼭 한 명은 있습니다. 친구들의 마음을 알아차리고 먼저 다가가 손을 내밀 줄 아는 친구들이 많은 교실이 되었으면 좋겠습니다.

심화

마음을
살리는 말

'말 한 마디로 천 냥 빚을 갚는다'는 말이 있습니다. 말에 담긴 긍정적인 에너지는 값을 매길 수 없는 좋은 기운이 담겨있지요. 교실 속에서도 한 마디의 말로 상처받은 친구들의 마음을 녹이는 아이들이 있습니다. 한 마디 말로 넘어진 친구들을 위로하고 토닥여 일으켜세우는 아이들은 어떤 말습관을 가지고 있을까요?

미술 수업시간, 모둠 협동화를 만드는 시간에 한 아이가 다소 엉뚱한 의견을 냅니다. 모두가 인상을 찌푸리던 순간, 소희가 이야기하지요.

"그거 진짜 좋은 생각이다!"

따뜻한 말 한마디에 다른 아이들의 마음의 문도 스르륵 열립니다. 칭찬과 응원은 좋은 말 이상의 힘을 가졌습니다. 아이가 기꺼이 누군가를 응원할 수 있다면, 그 아이는 이미 함께 살아가는 세상을 배우는 중입니다.

나와 다른 생각을 존중하는 소희, 언니 같은 든든함으로 친구의 버팀목이 되어주는 채빈이, 긍정과 감사의 말을 표현할 줄 아는 고운이 등 말 한마디로 교실을 따뜻한 공간으로 채울 줄 아는 아이들을 만나볼까요?

친구들과 의견이
다를 때 지혜롭게
대화하고 싶다면

학교에서는 나와 다른 생각을 가진 친구들과 이야기를 나누고 함께 활동해야 합니다. 이때 다양한 의견들을 어떤 태도로 듣고 이야기하면 좋을까요?

가장 먼저 챙겨야 할 것은 마음가짐입니다. 나와 '다른 의견'이 '틀린 의견'이 아니라 '함께 이야기를 나누어 볼 수 있는 하나의 의견'이라는 사실을 받아들이는 거죠. 생각처럼 쉽지 않지만 마음을 열고 친구들을 대한다면 그리 어려운 것만은 아닙니다.

• • •

'겨울나무'를 주제로 협동화를 그리는 시간이었습니다. 민준이

가 말했습니다.

"나는 빨간 자동차를 그릴 거야! 중간에 크게 그리면 멋있을 것 같아."

겨울나무라는 주제와 빨간 자동차가 어울리지 않는다고 생각한 수정이는 민준이에게 말했습니다.

"주제가 겨울나무니까 자동차는 안 어울려."

진수는 민준이의 말을 못 들은 척 의견을 덧붙였습니다.

"겨울이니까 나뭇가지에 눈이 쌓인 걸 그리자."

민준이는 여전히 고집을 부렸습니다.

"겨울엔 빨간 자동차지! 여기에 완전 크게 자동차를 그리는 거야."

민준이는 친구들의 의견을 무시한 채 빨간 색연필을 집어 들었습니다. 그때, 소희가 미소 지으며 말했습니다.

"오, 그거 진짜 좋은 생각이다! 나무 앞에 빨간 자동차가 있으면 멋있을 것 같아. 그런데 친구들 의견도 들어보는 게 어때?"

소희의 말을 들은 민준이가 집어 들었던 빨간 색연필을 놓더니 잠시 친구들의 이야기를 들었습니다. 협동화는 과연 어떻게 완성되었을까요? 민준이의 빨간 자동차는 결국 그림 속에 들어갔답니다. 그러나 크기와 위치가 달라졌습니다. 처음에 민준이가 그리려던 크기보다는 작게, 친구들의 그림도 들어갈 수 있게 오른편 아래쪽에 그려 넣었습니다.

소희가 민준이의 의견을 듣고 긍정적인 반응을 먼저 보이자 의견을 존중받는다는 느낌이 들었던 것입니다. 동시에 친구들의 의견도 존중할 마음이 생긴 것이죠.

의견을 나누고 모아야 하는 상황에서 "좋은 생각이다!"라는 한마디는 존중의 시작이자 협력의 씨앗이에요. 서로의 의견을 존중하는 대화를 한다면 다양한 생각을 나누며 더 좋은 생각으로 함께 나아갈 수 있어요.

나와 다른 의견을 존중하는 말 3단계

① 의견 인정하기

  → "그것도 좋은 생각이다!"

② 의견의 장점 찾기

  → "그렇게 하면 이런 점이 좋을 것 같아."

③ 다른 의견 제안하기

  → "이 의견은 어때?", "다른 친구 생각도 들어볼까?"

연습

– 친구의 의견이 내 생각과 다르더라도 친구의 생각을 존중하며 "그 생각도 좋은데?", "좋은 생각이다!" 말해보기

– 나와 다른 의견의 장점을 생각해서 말해보기

친구가
모둠 활동 과제를
느리게 할 때

모둠 활동을 하다 보면, 아이마다 속도가 다릅니다. 어떤 친구는 금방 끝내고, 어떤 친구는 한 줄, 한 장을 붙잡고 오랜 시간을 보내기도 하지요. 이럴 때 여유 있게 기다려 주는 한마디가 속도가 느린 친구에게는 큰 힘이 됩니다.

· · ·

사회 시간, 모둠별 조사 활동을 하던 시간입니다. 지수는 자료를 차근차근 옮겨 적느라 속도가 느렸고, 건우는 이미 자신의 몫을 거의 끝낸 상태였어요. 건우는 지수 옆으로 다가가 미소를 띤 얼굴로 조용히 말했습니다.

"빨리 해."

"알았어!"

지수는 건우를 한번 쳐다보며 싱긋 웃고는, 다시 노트를 바라보며 집중했어요. 잠시 뒤 건우가 다시 말했습니다.

"너, 되게 잘한다."

작게 덧붙인 칭찬에 친구들에게 미안해 자꾸만 웅크리던 지수의 어깨가 조금 펴졌습니다. 하지만 시간이 점점 줄어들자, 지수의 손은 빨라지지 않고 마음만 초조해졌어요.

"어떡하지? 다 못할 것 같아…."

그 순간, 건우가 천천히 말을 이었습니다.

"괜찮아. 뒷부분은 내가 할게. 너는 여기까지만 마무리해."

지수는 안도한 표정으로 고개를 끄덕였고, 모둠 안 공기는 조급함 대신 함께 해내려는 편안함으로 바뀌었습니다. 건우의 "괜찮아"에는, 속도가 달라도 '너를 기다려 줄게, 함께 끝까지 가 보자'는 마음이 담겨 있었던 것입니다.

지구촌 82억 명 중에 나와 똑같은 사람은 한 사람도 없어요. 모두가 다양한 모습과 성향, 기질을 타고나지요. 특기나 재능도 마찬가지입니다. 그러다 보니 학습 태도나 집중력에도 차이가 있기 마련이죠. 그 차이를 인정하지 않으면 "나는 열심히 하는데 왜 너는 안 해?"라는 불만이 생기고, 그 감정이 쌓이면 비난으로 이어져 갈등이 생기게 됩니다.

　중요한 것은 서로의 차이를 이해하고 시간을 갖고 기다려 주는 것입니다. 세상은 언제나 공평하거나, 손해를 하나도 보지 않고 살아갈 수 있는 곳이 아닙니다. 때로는 손해도 보고 가끔은 덕도 보면서 살아가게 되지요. 손익계산에 너무 집중하게 되면 정작 중요한 '함께'라는 가치를 놓칠 수가 있어요. 서로가 가진 것들을 있는 그대로 받아들이는 태도가 공동체의 평화를 지키는 열쇠입니다.

"괜찮아!"라고 말할 때 말보다 표정과 태도가 먼저 마음에 닿습니다.

말로는 괜찮다고 하지만, 표정과 태도가 따뜻하지 않으면 인지 부조화가 생겨 말을 그대로 믿지 않게 됩니다.

말과 행동이 모두 괜찮아야 "괜찮다"는 말이 비로소 상대방 친구의 마음에 닿게 되고, 친구의 마음을 위로하고 격려하는 힘을 발휘하게 됩니다.

느린 친구를 여유 있게 기다려 주는 말 3단계

① 먼저 마음 편안한 신호 보내기

→ "지금도 잘하고 있어."

② 괜찮다고 말해주기

→ "괜찮아! 아직 시간이 좀 남아 있어."

③ 도움 제안하기

→ "이 부분까지만 완성해. 남은 것은 내가 같이 해 줄게."

🗨️ 연습

- 대화할 때, 말보다 표정으로 먼저 격려해 보기

- 친구가 곤란해할 때, "괜찮아!"로 시작해보기

칭찬받는
아이를 넘어,
칭찬하는 아이로

"멋있다.", "잘한다."

아이들이 많이 듣는 말이지만 정작 자기 자신이나 친구들에게는 잘하지 않는 말이에요.

하지만 이 짧은 한마디가 친구의 마음을 열고 서로를 한층 가깝게 만들어줍니다.

• • •

미술 시간, 아이들이 탈 만들기에 열중하고 있습니다. 각자의 개성과 열정을 가득 담아 탈을 만들고 있어요. 그중 수현이는 유독 창의력이 돋보이는 친구입니다. 하지만 창의력을 발휘하는 과정에서 다소 주변을 소란스럽게 만들어, 친구들에게 종종 타박을 받곤 하죠. 수현이가 갑자기 교실 밖으로 뛰쳐나가더니 화장실에서 휴지를 가득 뜯어왔어요. 모두가 아리송한 눈빛으로 수현이를 바라보던 중, 유나가 말했습니다.

"수현아, 너 지금 사자탈 만드는 거야?"

"응!"

"탈에 휴지를 붙여 사자 갈기처럼 표현한 게 정말 기발하고 멋있다!"

핀잔을 들을 줄 알았던 수현이는 예상치 못했던 유나의 칭찬에 얼굴이 밝아져요.

"그래? 유나 네 탈도 멋있어!"

유나의 칭찬 한마디가 두 친구의 마음을 이어준 순간입니다. 수현이가 마냥 시끄럽고 방해된다고 생각하던 친구들도, 수현이처럼 멋있는 탈을 만들기 위해 더더욱 열중합니다. 완성된 탈을 보며 서로 칭찬을 주고받는 친구들의 표정에 뿌듯함이 가득합니다.

칭찬은 단순히 기분 좋은 말이 아니라, 서로의 마음을 이어주는 다리입니다. 상대방을 위한 수용과 인정, 배려의 마음이 녹아 있기 때문이지요.

친구의 장점을 칭찬하는 말 3단계

① 친구의 모습이나 행동 살펴보기

→ "수현이가 탈을 만들고 있네. 휴지로 사자 갈기를 표현했구나."

② 친구의 장점 인정하기

→ "다른 친구들은 생각지도 못한 방법이네. 기발하고 멋지다."

③ 마음 표현하기

→ "네가 만든 탈 정말 멋있다."

연습

– 주변 사람들의 행동을 보고, '칭찬하는 말 3단계'로 칭찬의 말 만들기

– 가족끼리 하루에 한 번씩 서로 칭찬 주고받기

친구지만
때로는
언니처럼

"아주 잘하고 있어!"

때로 아이들에게 큰 힘이 되는 말입니다. 누구든지 낯선 것을 마주하게 되면 잘할 수 있을까 걱정이 되기도 하고 잘하고 싶다는 마음이 생기기도 합니다. 익숙하지 않은 무언가를 한다는 것은 아이들에게는 언제나 어렵고 힘든 일입니다. 하지만 작은 격려가 아이의 마음을 다시 일으켜 세워 완성하고자 하는 의지를 갖게 하지요.

· · ·

실과 시간에 손바느질이 어려운 다정이는 채빈이에게 도움을 요청했어요.

"채빈아, 도와줘!"

"뭐 도와줄까?"

먼 자리에 앉아있는 채빈이가 조금 큰 소리로 대답했어요.

"마무리를 어떻게 하는 거야?"

채빈이는 바로 다정이 자리로 달려왔어요.

"아, 이렇게 안으로 넣으면 돼. 어떻게 하는지 알겠지?"

"이렇게?"

다정이는 알겠다는 표정으로 가르쳐준 방법으로 바느질을 합니다.

"그래! 잘하는데? 끝이 보여!"

그 말에 다정이는 만족스러운 듯 활짝 웃었어요.

초등학생은 발달 수준에 있어 개인차가 크기 때문에 친구 사이지만 형이나 언니처럼 의지가 되는 아이들이 있어요. 이런 유형의 아이들은 행동이 의젓하고 생각하는 수준이 깊으며, 친구의 성장을 응원하는 말로 친구들이 과업을 끝까지 해낼 수 있도록 격려합니다. 채빈이처럼 자연스럽게 친구를 도우며 관계를 맺는 아이가 있는 교실의 분위기는 따뜻하고 안정적입니다. 칭찬과 격려는 아이가 건강한 공동체의 일원으로 자라나는 데 큰 힘이 됩니다. 친구를 경쟁의 대상이 아닌 협력의 대상으로 바라보게 해 주기 때문이죠.

"잘하고 있어!"는 포기하려는 마음을 다시 일으켜 세웁니다.

이 순간 친구의 응원과 격려의 한 마디는 마음의 버팀목이 되고, 작은 성공의 경험을 이끌며 어려운 과제에 도전해 볼 용기와 자신감을 심어주게 됩니다.

친구를 든든하게 만드는 칭찬의 말 3단계

① 현재 상황을 확인하기

   → "어디까지 한 거야?"

② 하는 방법 친절하게 설명하고 도움 주기

   → "이렇게 하면 돼."

③ 하는 것을 지켜보며 칭찬이나 격려의 말로 표현하기

   → "아주 잘하고 있어. 이제 끝이 보여!"

연습

- 자녀가 해낸 작은 일에 칭찬해 주기. "이 부분 정말 잘했네!!"
- 친구가 해낸 작은 일 하나를 찾아서 과정을 칭찬해 주기.

쉬는 시간이
심심하다는
아이

　쉬는 시간이 심심하다는 아이는 사실 할 일이 없어서라기보다 '누가 나 좀 불러줬으면…' 하는 마음이 숨겨져 있는 경우가 많습니다. 하지만 친구들이 다가와 주기만을 바라며 한없이 기다리기만 하다 보면 쉬는 시간은 금방 지루해집니다. 이럴 때는 먼저 다가가서 "같이 놀자" 하고 말을 건네는 작은 용기가 필요해요.

· · ·

　음악 시간에 '개구리와 올챙이' 노래와 손유희 놀이를 배웠습니다. 솔지는 이 놀이가 너무 재미있어서 더 하고 싶었지만, 수업이 끝나 버려 아쉬웠어요. 쉬는 시간이 되자 솔지는 그냥 앉아서 심심하게 시간을 보내지 않았어요. 먼저 자리에서 벌떡 일어나 옆에 있던 친구에게 다가가 말했지요.

"지율아, 우리 아까 했던 개구리와 올챙이 손유희 같이 해 볼래?"

"좋아! 나 그거 재밌었어!"

지율이도 반갑게 대답하며 자리에서 일어났습니다. 두 친구가 마주 서서 "개울가에~ 올챙이 한 마리~"를 부르며 손동작을 맞추기 시작하자, 예은이가 부러운 눈빛으로 둘을 바라보고 있었지요. 그때 솔지가 예은이를 향해 다가가 자연스럽게 말했습니다.

"예은아, 너도 같이 할래? 셋이서 해보자!"

잠깐 망설이던 예은이는 이내 수줍게 웃으며 "정말? 좋아! 고마워!"라고 대답하고 솔지의 손을 잡았어요. 셋이서 손을 맞잡고

다시 노래를 시작하자, 처음엔 조금 어색해하던 예은이의 표정에도 점점 웃음이 번졌습니다. 셋이서 동작을 맞추며 깔깔 웃는 소리가 커지자, 이번에는 다른 친구들이 더 가까이 다가왔어요. 솔지는 한 번 더 크게 말했습니다.

"얘들아, 다 같이 하자! 큰 원으로 만들어 보자!"

그 말을 들은 다른 친구들도 "나도 같이 하자!"며 뛰어와 손을 내밀었어요. 그렇게 모인 아이들은 손에 손을 잡고 큰 원을 만들었습니다.

"개울가에~ 올챙이 한 마리~."

노래를 부르며 박자를 맞추다가 중간에 동작이 꼬이면 "아야야!" 하고 웃음이 터졌고, 그러면 또다시 처음부터 맞춰 보며 즐겁게 놀이를 이어 갔어요. "같이 하자!" 하고 먼저 말한 솔지의 한마디가 모두가 재미있는 쉬는 시간을 만들어 준 거예요.

쉬는 시간이 심심하게 느껴진다면, 친구들이 나를 불러주기만 기다리지 말고 솔지처럼 먼저 한 걸음 다가가 같이 놀자고 말해 보세요. 생각보다 많은 친구가 그 말을 속으로 기다리고 있을지도 모릅니다.

친구들에게 먼저 다가가 모두 함께하게 만드는 말 3단계

① 놀이를 시작하는 말 해 보기

→ "우리 아까 했던 ○○놀이 같이 해볼래?"

② 구경만 하는 친구 초대하기

→ "같이 하면 더 재밌을 것 같아. 우리 셋이서 해 보자."

③ 놀이를 더 크게 키워 보기

→ "둘이 하는 것도 재밌지만, 여러 명이 하면 더 신나겠다.
같이 할 사람?"

📢 연습

– 쉬는 시간에 혼자 있는 친구를 찾아 "같이 놀자" 또는 "같이 하
자"고 말해보기

– 가족이나 친구에게 놀이 제안하기

– 먼저 다가가면 어떤 기분이 드는지 이야기 나누기

6

위기에서
빛나는
말하기 습관

"재미있을 것 같지 않아? 우리 한 번 해 보자!" 이 말은 단순한 제안이 아닙니다.

'할 수 없다'라는 마음을 '할 수 있다'로 바꾸는 마법 같은 말이에요.

· · ·

사회 시간, 공익광고를 만드는 프로젝트 수업이었어요. 그런데 편집하기로 한 날, 모둠 친구 재원이가 코로나로 갑자기 결석했다는 소식이 전해졌어요. 그 말을 들은 지우는 얼굴이 잔뜩 굳어진 채로 말했어요.

"아…. 이제 어떻게 해? 우리 망했어."

옆에서 듣고 있던 예린이가 조심스럽게 말했어요.

"일단…. 한 번만 더 전화해 보자."

아이들은 급하게 전화를 걸어 보았지만, 아무리 해도 연결되지 않았어요. 포기하려는 분위기가 슬슬 퍼지려던 그때, 예린이가 갑자기 눈을 반짝이며 말했어요.

"잠깐! 재원이가 맡았던 부분이 제일 중요했잖아? 그 장면을 그림으로 만들어보는 건 어때? 카드뉴스처럼 하면 메시지가 더 잘 전달될 것 같아. 우리 한번 해 보자!"

지우는 잠시 멈칫하더니 금세 표정이 밝아졌어요.

"그래, 좋은 방법이야. 그러면 대사는 우리가 직접 녹음해서 넣자!"

다른 아이들도 한꺼번에 활기를 띠며 말했어요.

"좋아! 빨리 해보자!"

아이들은 곧바로 역할을 나누고, 그림 컷을 만들고, 녹음한 목소리를 넣으며 바쁘게 편집을 이어갔어요. 그리고 마침내 발표 시간이 되었을 때, 예린이네 모둠의 공익광고는 교실에서 가장 큰 박수를 받았어요.

예상치 못한 일로 모두가 흔들리고 있을 때, 예린이가 긍정적으로 건넨 말 한마디가 모둠 전체의 분위기와 결과를 바꾸어 놓은 순간이었어요.

말은 마음의 방향을 바꾸는 힘을 가지고 있어요.

부정의 순간에 '긍정의 언어'를 선택하는 아이는 어려움을 기회로 바꾸는 진짜 용기를 가진 사람이 됩니다.

부정적인 상황에 빠져있지 않고 그 순간에 긍정의 언어를 선택하려면, 나의 마음을 알아차리고 한 발 더 나아가 긍정의 가능성을 찾는 연습을 꾸준히 해야 합니다.

변화의 씨앗을 만드는 긍정의 말 3단계

① 부정의 말을 멈추기

  → "안 돼", "싫어"라는 말은 되도록 쓰지 않기

② 가능성 찾기

  → "그럼 어떻게 하면 될까?"

③ 희망 전하기

  → "우리 한 번 해보자!"

연습

- 오늘 하루 "안 돼" 대신 "해 보자"로 바꿔 말해보기

- 친구가 실수했을 때 "괜찮아, 다시 하면 돼"라고 말해보기

7

친해지고 싶은
친구가 있을 때
어떻게 말할까요?

친해지고 싶은 친구가 있을 때 '저 친구랑 친해지고 싶다….' 하고 마음속으로만 바라기만 하면, 그 마음은 전달되기 어렵습니다. 표현되지 않은 마음은 상대에게 닿기 힘들어요. 이런 순간에 작은 용기를 내서 다가가 다정하게 말을 걸어보면, 새로운 우정이 시작될 수 있어요.

· · ·

어느 날, 교실 문이 열리더니 새로운 친구가 들어왔어요. 새로 전학 온 준영이었습니다. 칠판 앞에 선 준영이는 자기소개를 했어요.

"안녕하세요. 저는 최준영입니다. 저는 로봇 캐릭터 그리기를 좋아합니다."

로봇 캐릭터 그리기를 좋아한다는 말에 서윤이는 속으로 '나랑 잘 맞을 것 같은데? 준영이랑 친해지고 싶다'라고 생각했어요. 자기소개가 끝나고 어색한 정적이 흐르던 순간, 서윤이는 마음속 결심을 꺼내듯 두 손을 들고 크게 박수를 치며 말했어요.

"와, 준영아! 우리 반에 온 거 진짜 환영해!"

서윤이의 말에 다른 아이들도 함께 준영이에게 박수를 쳐 주었습니다.

다음 날 미술 시간, 아이들은 '나만의 보물 상자'를 만드는 활동을 했어요. 쉬는 시간이 되자 서윤이는 나만의 보물 상자 만들기를 하다 말고 교실을 둘러보다가 준영이가 조용히 혼자 그림을 그리고 있는 것을 발견했어요. 책상 위에는 로봇 캐릭터가 완성되어 가고 있었죠. 그 모습을 본 서윤이는 용기를 내서 먼저 말을 걸었어요.

"준영아, 너도 이 로봇 캐릭터 좋아해? 나도 이런 로봇 진짜 좋아해!"

준영이는 조심스럽게 웃으며 대답했어요.

"응. 나는 1학년 때부터 이거 좋아했어."

"근데 너 진짜 그림 잘 그린다. 로봇 되게 멋있다! 나도 너랑 같이 이거 그려도 돼?"

그렇게 그날 서윤이와 준영이는 같이 앉아 로봇 그림을 함께 그렸어요. 그날을 계기로 둘은 쉬는 시간마다 함께 그림을 그리고, 게임도 같이 하며 아주 가까운 사이가 되었습니다.

'말 안 해도 알아주겠지'라고 생각만 하고 있으면, 친해지고 싶은 마음은 속으로만 남아 있다가 사라지기 쉽습니다. "너랑 친해지고 싶어", "너랑 있어서 좋아"라는 다정한 한마디를 건넨다면 두 사람 사이에 새로운 우정이 싹틀 거예요.

마음에 드는 친구와 친해지게 만드는 말 3단계

① 다가가서 공통점을 찾아 말 걸기

→ "너도 ○○ 좋아해? 나도 진짜 좋아해!"

② 친구의 장점을 구체적으로 칭찬하기

→ "너 진짜 그림 잘 그린다. 되게 멋있어."

③ 함께하고 싶은 마음을 솔직하게 전하기

→ "나도 너랑 같이 그려도 돼?"

연습

– 친구에게 평소 하고 싶었던 고마운 말이나 칭찬 전하기

– 가족에게도 "고마워", "덕분에 좋아"처럼 따뜻한 말을 해 보기

8

모둠 활동할 때
친구가 자꾸 장난을 친다면
어떻게 말할까요?

　수업 시간에 친구들과 모둠 활동을 하다 보면 모둠 활동에는 관심이 없고, 장난을 치고 싶어하는 친구로 인해 갈등이 생길 때가 많습니다. 잘하고 싶은 마음이 클수록 친구가 장난을 치는 모습을 보면 화가 나기도 합니다. 하지만, 그 순간 내 기분대로 "그만 좀 해!", "왜 자꾸 장난쳐!" 하고 말해버리면, 갈등이 더 커져서 오히려 모둠 활동을 이어가기 힘들어지는 경우가 많아요. 그럴 땐 어떻게 말하면 좋을까요?

● ● ●

　모둠 활동 시간, 역할극을 연습하던 날이었어요. 나명이가 모둠장을 맡았고, 친구들과 역할을 정해 역할극 준비를 했어요. 나명이 모둠 친구들은 계속 대사를 외우고, 위치와 움직임을 하나씩 맞춰 보며 열심히 연습하고 있었어요.

그때 태희가 장난을 치기 시작했어요. 진지한 장면에서 일부러 대사를 이상하게 바꾸어 말하거나, 괜히 바닥에 쿵 하고 넘어지는 시늉을 하며 크게 웃었어요. 그 모습을 본 아이들은 처음에는 피식 웃고 지나갔지만, 연습 흐름이 자꾸 끊기자 불편해지기 시작했어요. 나명이도 속으로 '자꾸 이렇게 하면 진짜 연습 못 할 것 같은데….' 하는 걱정이 들었습니다. 어떻게 말할까 고민하던 나명이는 태희를 바라보며 말했어요.

"태희야, 그거 웃기긴 하다. 근데 우리 발표도 해야 하니까 장난으로 하지는 말자."

"아니, 근데 이거 웃기지 않아?"

"웃기긴 한데 모둠이 연습할 시간이 부족하니까 장난치지지 말고 우리 대본 짠 대로 해서 발표 한번 잘해보자."

"그래. 알겠어."

나명이의 말을 들은 태희는 장난을 멈추고 다시 역할극 연습을 했고, 모둠 친구들도 다시 연습에 집중할 수 있었어요. 역할극 발표 시간, 나명이네 모둠 친구들은 각자 역할에 충실하며 역할극을 해냈어요. 그리고 활동을 마무리하며 좋았던 점을 나누는 시간이 되었을 때, 나명이는 혼자 칭찬받으려 하지 않고 이렇게 말했어요.

"우리 모둠 친구들 모두 다 잘했어. 다같이 연습해서 이렇게 된 거야."

모둠 친구들은 서로를 격려하며 활동을 기분 좋게 마무리할 수 있었습니다.

나명이처럼 모둠 활동 중 생기는 갈등을 잘 해결하고 싶을 때, 기억해야 할 핵심은 잘하고 싶은 마음을 화가 아니라 말로 꺼내는 것입니다. 차분한 한마디는 깨질 뻔한 분위기를 다시 모으고, 함께하는 경험을 더 즐겁게 만들어줍니다. 이런 말을 연습할수록, 아이의 사회성과 리더십은 함께 자라나게 됩니다.

감정에 휘둘리지 않고 나의 마음을 전하는 말 3단계

① 친구의 행동을 먼저 인정하는 말 해보기

→ "그거 웃기긴 하다."

② 지금 해야 할 일을 상기시키는 말 해보기

→ "근데 우리 발표도 해야 하니까, 장난으로만 하지는 말자."

③ 함께 잘해 보자는 긍정적인 말 덧붙이기

→ "우리 다시 연습해 보자. 우리 진짜 잘해 보자."

연습

– 예전에 모둠 활동 중에 친구 장난 때문에 속상했던 경험을 떠올려 보고, 그때 위 3단계 순서대로 다시 말해본다면 어땠을지 적어 보기

– 친구가 장난을 칠 때 화내지 않고 차분하게 말해보기

마음을 밝히는 감사의 말

"왜 이건 없어?", "왜 이건 안 돼?", "이건 좀 별로야."

가정에서는 모두 귀한 자녀들이기에 성장과정에서부터 원하는 것을 대부분 손쉽게 얻을 수 있었던 우리 아이들이 무심코 내뱉는 말입니다.

이 말에 생략된 주어는 '너'입니다. "넌 왜 이게 없어?", "넌 왜 이게 안돼?", "넌 이건 좀 별로야"라는 말은 얼핏 보면 객관적 사실 같지만 사실은 은연중에 상대방의 부족한 점을 비난하고 깎아내리는 부정적 감정이 포함되어 있습니다. 이런 말을 자주 하는 아이들과 친분을 쌓고 싶어하는 친구는 많지 않겠죠.

하지만, 부족한 점을 찾기보다 고마운 점을 찾으면 학교생활

은 훨씬 더 따뜻해질 거에요.

"○○점이 참 좋아."

• • •

지난 시간에 배운 내용들을 복습하는 날이었어요. 좀 더 재미있는 복습을 위해 놀이활동이 준비되어 있었죠. 특별히 급식 순서까지 걸린 아주 중요한 시간이라 모두가 열의를 불태우고 있었죠. 일부 친구들은 놀이에서 지는 게 걱정되어서 괜히 볼멘 소리를 하기도 합니다.

"어차피 질텐데. 별로 재미없을 듯."

그 말에 다른 친구들도 기운이 빠지려던 찰나, 고운이가 조용히 말했어요.

"아직 안 해봤잖아? 나는 우리 반은 선생님께서 이런 놀이를 준비해주셔서 참 좋은데."

승패에 대한 걱정만 가득했던 아이들은 고운이의 말에 고개를 끄덕입니다. 놀이에서 지는 게 싫어서 놀이를 안 하고 싶다고 생각하던 친구들도 표정이 조금 달라집니다. 놀이에서 이기고 지는 것에 대한 걱정은 어느새 사라지고, 고운이의 말대로 우리 반은 정말 재미있고 좋은 반이라는 생각이 들었나 봐요. 그 한마디 덕분에 모두가 웃으며 놀이를 시작했습니다. 놀이에서 지더라도 친구들 탓하거나 원망하지 않고 즐겁게 놀이를 합니다.

감사는 특별한 날에만 하는 말이 아닙니다. 감사의 한마디로 하루의 공기가 밝아집니다. 감사에는 더 감사한 일들을 끌어당기는 마법 같은 힘이 있어서 감사할수록 감사할 일들이 꼬리를 물고 생겨납니다.

일상에 감사하는 말 3단계

① 감사할 순간을 인식하기

→ "오늘 선생님께서 수업 시간에 재미있는 놀이를 준비해 주셨어."

② 그 순간의 의미 찾기

→ "그래서 오늘 수업이 더 즐겁고 신났어."

③ 마음 표현하기

→ "선생님께서 이런 놀이를 준비해주셔서 참 좋아."

연습

- 하루 중에 감사한 순간 찾아보기

- 아쉬움이 남는 순간에서도 "그래도 ~해서 좋았어"의 감사 표현하기

눈물 고인 친구를 구한
한 마디

아이들을 설레게 만드는 오늘의 행사는 학급 E-스포츠 행사 입니다. 4층 'VR체험실'에서 E-스포츠 대회를 개최하지요. 사실 VR체험실이 어디에 있는지, 무엇을 하는 곳인지 알고 있는 아이 들은 많지 않습니다. 고가의 VR 기기가 있어서 평소에는 언제나 굳게 닫혀있어 안을 들여다볼 수 없는 곳이거든요. 전교 어린이회 장의 공약사항인 E-스포츠 대회 덕분에 오랜만에 VR체험실이 활 기를 띕니다. 학생 자치회에서 행사 진행을 도맡아 하기 때문에 회장의 책임이 막중합니다. 지난주부터 학급회장 은지는 쉬는 시 간과 방과후에 VR체험실에서 기기 사용법을 익히고 종목을 선정 하고, 팀을 어떻게 나눌 것인지 고민하고 학급 친구들과 토의하기도 하면서 대회를 준비했습니다.

행사 D-Day가 바로 오늘 3교시입니다. 아이들의 마음은 새로운 대회에 대한 기대감으로 아침부터 하늘을 날 듯 가벼웠습니다. 기대에 찬 아이들과는 대조적으로 처음 행사를 진행하는 은지는 '내가 잘할 수 있을까?' 하는 고민과 걱정으로 마냥 가볍지만은 않은 표정이었어요. 우리 반은 발야구와 볼링이 예정되어 있었고 미리 팀도 정했습니다.

2교시 후, 쉬는 시간을 무려 5분이나 반납하고 VR체험실에 도착했습니다. 두 팀으로 나누어 한 팀은 볼링을, 한 팀은 발야구를 진행하고, 시간이 지나면 팀을 바꾸어서 경기를 진행하기로 했습니다. 경기 전, 단단히 약속했지만 승부가 갈리는 경기라 끓어오르는 열정을 참기 힘들어집니다. 기기 조작법에 익숙해지고 경기 분위기가 최고조에 이르렀을 때 은지가 운영하고 있는 발야구 경기에 문제가 생겼습니다. 무슨 이유인지 기기 센서가 공을 인식하지 못했던 것이죠. 한창 재미있게 경기하던 아이들은 마음이 답답해져 진땀을 흘리며 기기 모니터 앞에 있는 은지에게 한마디씩 합니다.

"기계 고장 났어?"

"우리 팀이 이기고 있었는데, 짜증 나!"

"빨리 어떻게 해봐!"

은지의 얼굴이 빨갛게 달아오릅니다. 하지만 아이들은 은지의 표정을 살피지 못한 채, 하고 싶은 이야기만 되풀이합니다. 은지의 눈에 눈물이 그렁그렁해집니다. 진행하고 있는 볼링을 잠시 멈추고 은지에게 가려는 찰나, 준서의 목소리가 들립니다.

"얘들아, 지금 가장 힘든 사람이 누굴까?"

술렁이던 아이들의 말이 갑자기 뚝 끊어집니다. 작은 침묵 속에 아이들의 깨달음과 후회의 감정이 일렁입니다.

"은지는 게임도 못 하고 진행만 하는데, 은지가 제일 힘들 것 같아. 은지야, 천천히 해도 괜찮아."

침묵을 깨고 영우가 말을 합니다.

"그래, 괜찮아."

지훈이가 한마디 보탭니다. 준서에 이어 영우와 지훈이까지 말을 하자 아이들은 너나없이 은지의 편에 서서 이야기하기 시작합니다.

"은지야, 내가 뭐 도와줄까?"

"얘들아, 은지 힘드니까 우리 조용히 하자."

눈물이 차올랐던 은지의 얼굴에 안도의 표정이 스칩니다. 아이들은 은지가 기기를 조작하도록 기다려 주었고, 평소 컴퓨터를 잘 만지던 지훈이도 합세해서 이리저리 기기를 돌려놓으려 애씁니다. 아이들에게 짧지 않은 10분의 시간이 흐르고, 결국 기기는 아이들의 간절한 마음을 져버리고 끝내 작동하지 않았습니다. 잘 참고 기다려 준 아이들이 기특해서 쉬는 시간을 들여 체험을 더하고 교실로 돌아와 간식을 먹었습니다.

세 명이면 충분합니다. 아이들의 마음이 혼란한 시기에 목소리를 낸 준서와 영우, 지훈이가 긍정적인 학급 분위기를 만들었습니다.

삶이 마음먹은 대로 흘러간다면 더없이 좋겠지만 그렇지 않은 경우가 더 많지요. 교실도 마찬가지입니다. 예상치 못한 상황에 자칫 갈등이 생길뻔한 교실이 평화롭고 안정적인 교실이 되기 위해 필요한 것은 '괜찮아'라고 말할 용기를 지닌 친구들입니다.

응용

갈등을 푸는
대화법

아이들은 일상 속에서 다양한 갈등 상황을 마주하기도 하고 더러 친구와 크게 다투기도 합니다. 친구와 잘 지내는 방법은 많이 들어 알고 있지만, 갈등 상황에서 친구에게 어떻게 말을 해야할지 몰라서 난감하고 속상해하는 아이들이 대부분입니다. 갈등은 대부분 친밀한 관계의 친구들 사이에 발생합니다. 그런 의미에서 갈등은 친구와 더 친해질 수 있는 기회입니다. 갈등을 잘 풀어가는 아이들은 교우관계로 인해 크게 흔들리지 않고 친구들과 단단한 우정을 만들어갈 수 있지요.

타인의 실수를 수용하면서도 단호하게 표현하는 지한이, 친구들의 갈등을 중재해주는 희원이, 자신의 실수를 솔직하게 인정하고 사과할 줄 아는 석빈이 등 갈등 상황을 오히려 더 좋은 관계로 만드는 아이들이 있습니다. 갈등 상황을 사르르 녹이는 대화의 비법을 발견하러 가볼까요?

친구의 작은
실수에는 조금
너그러워지기

아이들은 하루에도 수십 번씩 실수를 합니다.

크고 작은 실수들이 큰 갈등으로 이어지지 않게 하는 마법의
한마디가 있죠.

"그럴 수 있지."

· · ·

놀이 시간, 모든 아이들은 이 짧은 시간을 알차게 보내기 위해
필사적입니다. 축구를 좋아하는 채우도 급히 자리에서 일어났습
니다. 그때, 채우가 민수의 책상을 치는 바람에 물통이 넘어졌습
니다. 물통이 넘어지는 소리에 놀란 친구들은 '채우, 또 너구나'라

는 표정입니다. 채우의 실수를 선생님에게 일러주러 가야하나 고민하는 친구들도 있습니다. 그렇지만 한편으로는 자리의 주인이 민수라 내심 다행이라 생각하는 표정입니다. 민수는 친구들의 실수를 너그럽게 이해해주는 친구니까요.

"민수야, 미안해. 내가 휴지 바로 뜯어올게."

"괜찮아. 그럴 수 있지. 같이 정리하자."

민수의 아무렇지 않다는 표정과 말 한마디에 교실 공기가 달라졌어요. 민수가 당연히 화를 낼 거라 생각했던 채우는, 민수의 반응에 더욱 미안한 마음이 들어 열심히 물을 치웠어요. 다른 친구들도 채우를 탓하거나, 채우에게 핀잔을 주지 않았고 함께 정리를 도왔어요. 모두의 도움으로 바닥에 흥건하던 물은 금방 사라졌

어요. 그렇게 모두 아무 일 없었던 것처럼 즐겁게 놀이 시간을 즐길 수 있었어요.

채우와 민수의 싸움으로 이어질 수 있었던 상황을 평화롭게 해결할 수 있었던 가장 큰 이유는 바로 민수의 말 한 마디입니다.

"그럴 수 있지."

이 한마디는 실수를 덮는 말이 아니라, 마음을 이해하고 관계를 이어주는 말이에요.

상대를 이해하는 포용의 말 3단계

① 행동 뒤의 이유를 헤아리기

　→ "누구나 실수할 수 있어. 급하면 그럴 수 있지."

② 감정을 존중하기

　→ "놀랐겠다. 물이 쏟아져서 속상했지?"

③ 관계를 이어주는 말로 마무리하기

　→ "괜찮아. 그럴 수 있지. 우리 같이 정리하자."

💬 연습

- 오늘 하루, 누군가의 실수에 "그럴 수 있지"라고 말해보기

- 가족끼리 서로의 실수를 "그럴 수 있지"로 받아주기

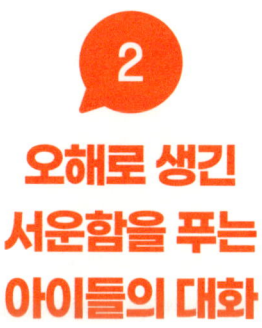

오해로 생긴
서운함을 푸는
아이들의 대화

"나도 그런 기분 든 적 있어."

이 말은 친구의 마음을 있는 그대로 인정해 주는 따뜻한 공감이 담겨있는 말입니다. 해결을 위한 조언 보다는 마음으로 다가가는 공감은 조용하지만 큰 힘이 됩니다.

. . .

점심시간이 끝난 뒤, 교실에 조용한 긴장감이 감돌았어요. 평소에 붙어 다니던 예진이와 가빈이가 체육 시간에 짝을 정하다가 마음 상하는 일이 있었거든요.

예진이는 책상에 고개를 묻고 투덜거리듯 말했어요.

"아… 나 너무 서운해. 가빈이는 당연히 나랑 같이 할 줄 알았는데 갑자기 다른 애랑 한다고 하면…. 나만 바보가 된 거잖아."

그 말을 들은 예주가 걱정스러운 얼굴로 다가왔어요.

"왜 그래, 예진아? 오늘 가빈이랑 무슨 일 있었어?"

예진이는 깊은 한숨을 쉬며 말했어요.

"그런 건 아닌데… 내가 혼자 오해한 걸 수도 있어. 근데 기분이 너무 이상해. 괜히 서운하고, 나만 별로인 사람 된 것 같고…."

예주는 차분히 고개를 끄덕이며 말했어요.

"그럴 수도 있지. 나도 예전에 그런 적 있어. 친구가 갑자기 다른 애랑만 놀 때…. 괜히 속상하고 나만 쓸모없는 사람 된 것 같은 느낌?"

예진이는 예주를 보며 조금 놀란 표정을 지었어요.

"맞아…. 딱 그래. 나만 그런 줄 알았어."

예주는 예진이 옆에 앉으며 부드럽게 말했어요.

"아니야. 누구나 그런걸? 생각으로 짐작만 하면 오히려 오해가 생기기도 하는 것 같아. 가빈이도 무슨 사정이 있었을지도 모르는 거잖아."

예진이의 표정이 조금씩 풀렸어요.

"그럴까? 고마워, 예주야. 너 아니었으면 나 진짜 계속 혼자 고민만 하고 있었을 거야. 가빈이랑 나중에 얘기해볼게."

　예주는 본인이 나서서 무언가를 해결하려고 하지 않았어요. 그저 옆에서 들어주고, "그럴 수도 있어"라는 따뜻한 한마디로 예진이의 마음을 감싸주었어요.

　그 덕분에 예진이는 다시 친구에게 다가갈 용기를 낼 수 있었어요.

　공감은 크고 거창한 말로 시작되지 않아요. 묵묵히 옆에 있어주고, 마음을 있는 그대로 받아들이는 데서 출발해요.

　"나도 그런 적 있어.", "지금 네 마음, 나도 알 것 같아."

　이런 짧은 말들이 친구의 마음을 위로하고, 관계를 회복시킵니다.

공감은 문제를 해결하는 기술이 아니라, 마음을 이어주는 다리예요. 조용히 들어주고 함께 있어 주는 태도는 친구의 마음을 깊이 위로하는 말 없는 응원입니다. 공감하는 아이가 있는 교실은 언제나 따뜻하고 단단합니다.

마음을 이어주는 공감의 말 3단계

① 멈추기
→ 친구의 말을 끊지 않고 끝까지 듣기

② 공감하기
→ "그럴 수 있지.", "나도 그런 적 있어."

③ 함께 있기
→ 조언보다 곁에서 마음으로 응원하기

연습

- 친구가 힘들어할 때, 조언보다 "그럴 수 있지"라고 말해보기

- 친구의 이야기를 끝까지 듣고, 공감의 한마디로 마무리하기

- "나는 오늘 누구의 마음을 들어주었을까?" 기록해 보기

재치와 여유를 가진 우리 반 분위기 메이커

가끔은 정답보다 한 마디의 유머가 더 큰 힘을 발휘할 때가 있어요. 심각한 얼굴로 따지는 대신, 가볍게 웃으며 말할 줄 아는 재치는 갈등을 푸는 '지혜로운 언어'예요.

• • •

청소 시간, 소라와 동균이는 마주보며 다투고 있었습니다. 소라와 동균이의 중간쯤에 있는 쓰레기가 누구의 것이냐 하는 문제로 서로에게 청소를 해야 한다고 말하고 있었지요.

"이거 내 쓰레기 아니야!"

"내 것도 아니야!"

“네 쪽에 더 가깝잖아, 네가 쓸어!”

“내가 버린 것도 아닌데 왜 내가 쓸어야 해!”

쓰레기가 이쪽저쪽으로 움직이며 두 사람 사이에 점점 더 긴 긴장감이 고조되었습니다. 처음에 가볍게 던진 말이 몇 번을 오가자 진짜 싸움으로 번질 기세였습니다. 그때, 미주가 유쾌한 말투로 말했습니다.

“쓰레기에 이름 적혀 있어? 그냥 쓸어.”

순간, 정적이 흘렀고 소라와 동균이는 동시에 웃음을 터뜨렸습니다. 두 아이는 더는 싸우지 않았고, 청소 시간은 웃음 속에서 끝날 수 있었습니다.

미주의 한마디는 비난이 아닌 재치와 여유로 갈등을 풀어낸 말이었습니다.

때로는 유머가 갈등을 가볍게 풀 수 있는 지혜로운 방법이 될 수 있어요. 진지함 속에서도 미소와 여유를 잃지 않는 아이, 그 아이가 바로 친구들의 분위기 메이커랍니다.

가벼운 한 마디로 모두가 유쾌해지는 말 3단계

① 상황을 가볍게 보기
   → "그럴 수도 있지."
② 재치 있는 한마디 더 하기
   → "쓰레기에 이름 적혀 있어?"
③ 분위기 바꾸기
   → 웃음으로 마무리하기

연습

– 가족이나 친구와의 작은 갈등 상황을 떠올리고 웃음으로 분위기를 바꿔본 경험 이야기
– 실수하거나 일이 잘 풀리지 않을 때 "괜찮아. 이런 날도 있지!"라고 가볍게 넘기는 연습하기

불편한
마음을 솔직하게
표현하고 싶을 때

나의 감정을 솔직하게 말하면서도 상대를 비난하거나 공격하지 않는 말, 건강한 표현이자 나를 지키는 힘이랍니다.

• • •

산성이가 혜리의 물건을 손에 들고 말했습니다.

"야, 네 것 좀 쓸게."

혜리가 말했습니다.

"나한테 묻지도 않고 내 물건을 함부로 쓰면 어떡해."

산성이는 대수롭지 않게 말했습니다.

"내가 좀 쓴다고 방금 이야기했잖아."

혜리는 차분하게 대답했습니다.

"써도 되냐고 물어본 적은 없어. 네가 물어보지도 않고 가져가서 쓰면 화가 나. 나한테 먼저 물어봤으면 좋겠어."

혜리는 자신에게 일어난 상황과 감정을 분명하게 표현했습니다. 감정을 억누르거나 공격적인 말과 행동으로 대응하지 않았습니다. "나에게 물어보지 않고 물건을 가져가서 화가 난다"라고 자신의 감정을 차분하게 설명했습니다. 혜리는 '불편하다', '속상하다'와 같이 자신의 감정을 구체적으로 표현할 수 있는 어휘를 알고 있고 이를 사용하여 상대방과 대화할 수 있음을 보여줬습니다. 불편한 마음을 설명할 수 있는 학생들은 친구들과의 관계에서 자신의 감정을 차분히 전달하며 친구들에게 존중받고 원만한 관계를 유지할 수 있습니다.

상대를 비난하거나 공격하지 않아도 내 마음을 분명히 전달할 수 있어요. 오히려 부정적인 감정을 건강하게 표현하는 것은 서로의 영역을 명확하게 만들어주고 서로를 이해하고 배려할 수 있는 첫걸음이 됩니다.

나를 지키는 감정 표현의 말 3단계

① 상황 말하기

　　→ "네가 내 물건을 물어보지 않고 가져갔어."

② 감정 말하기

　　→ "그래서 화가 났어."

③ 바람 말하기

　　→ "쓰기 전에 나한테 먼저 물어봤으면 좋겠어."

연습

– 최근에 속상했던 일을 떠올리고 '상황-감정-바람' 3단계로 말해보기

– '화났어' 외에도 '서운해', '답답해', '억울해' 등 다양한 감정 단어로 말해보기

5
장난이라는 이름으로 괴롭히는 친구를 멈추어 세우는 말

화가 나는 것은 나쁜 것이 아닙니다. 한정된 교실에서 다양한 성향의 아이들이 생활하다 보면 서로의 선을 지키지 못하는 경우가 많고, 그러한 경우 화가 나는 것은 오히려 자연스러운 현상이지요. 중요한 것은 화가 나는 나의 마음을 상대방에게 그대로 돌려주어 갈등을 만드느냐, 나의 불편한 마음을 적절히 표현해 스스로를 보호하고 건강한 경계를 설정하는 계기로 만드느냐에 있습니다.

· · ·

중간 놀이 시간, 아이들은 저마다 놀거리를 찾기 바쁩니다. 종이 치자마자 보드게임을 먼저 차지하려고 달려가기도 하고 새로운 놀잇거리를 만들어 쉬는 시간을 보내기도 하지요.

오늘 중간 놀이 시간에 민율이는 어느 곳에도 속하지 못했습니다. 친구랑 어울려 놀고 싶은 민율이의 시야에 지한이가 들어옵니다. 지한이는 영호와 이야기 중이었어요. 민율이가 지한이에게 다가가 팔로 지한이의 목을 꽉 감싸고 힘을 세게 주었습니다. 갑자기 뒤에서 목을 조여오자 지한이의 얼굴이 빨개집니다. 민율이의 손을 떼어내고 숨을 몰아쉬고 있는데 이번에는 패딩점퍼에 달린 지한이 모자를 얼굴이 보이지 않도록 씌웁니다. 숨을 쉬지 못해 괴로워하던 지한이가 잠시 심호흡한 후 웃음기를 쏙 뺀, 단호한 어투로 민율이에게 이야기했습니다.

"네가 목 조르고 모자를 억지로 씌워서 짜증 나고 힘들어. 난 아프면 화가 나. 다음에 또 그러면 화낼 거야!"

"네가 아픈 줄 몰랐어. 미안해."

"괜찮아. 다음에는 놀고 싶으면 놀고 싶다고 말해줘."

평소 항상 웃는 얼굴이던 지한이가 정색을 한 그날 이후 민율이는 지한이에게 과한 장난을 조심하게 되었습니다. 지한이에게 심한 장난을 치려다가도 멈칫거리며 한 번 더 생각해보게 되었죠. 그런데 아이러니한 것은 지한이가 단호하게 이야기한 후로 민율이와 지한이의 사이가 더 좋아졌다는 것입니다. 민율이는 그 날 이후 솔직하게 불편함을 표현한 지한이를 좋은 친구라고 생각하게 되었습니다.

단호함은 감정을 억누르는 대신 자신의 감정을 정직하게 표현하고 건강한 경계를 설정하는 것입니다. 경계를 설정하는 것은 나에게도, 친구에게도 긍정적인 영향을 끼칩니다. 내가 감당할 수 있는 선을 친구에게 단호하게 알리는 것은 건강한 관계의 초석이 되기 때문이죠.

나를 지키는 단호한 말 3단계

① 나의 경험 말하기

→ "네가 내 목을 조르고 모자를 씌워서 나는 아프고 숨이 막혔어."

② 감정 말하기

→ "그래서 화가 나고 짜증이 났어."

③ 바람 말하기

→ "다음에 놀고 싶다면 놀고 싶다고 말해줘."

연습

– 최근에 속상했던 상황을 떠올리며 단호하게 말하는 대화공식에 맞추어 말하기

– 감정을 표현하기 어려울 때 감정 카드를 활용해 나의 감정 알아차리기

6
인정은
지는 게
아니다

갈등이 생겼을 때, "내가 미안해"라고 말하는 것은 상대방의 마음을 열게하는 용기가 담긴 말입니다. 나의 잘못을 인정함으로써 자신의 행동에 대한 책임을 지겠다는 태도가 담겨 있어요. 그런 의미에서 인정한다는 것은 지는 것이 아니라 관계를 회복하는 첫걸음입니다.

• • •

기윤이와 석빈이는 같은 모둠에서 역사 연표를 만들고 있었어요. 기윤이는 정보검색을 잘 하는 석빈이에게 태블릿을 맡겼어요. 원래는 함께 조사를 해야 했지만 정보를 찾는 귀찮은 일은 잘 하는 석빈이에게 떠넘기고 쉬고 싶었죠. 그러고는 다른 모둠의 아이들과 놀고 있었어요. 두 명 분량의 자료 조사를 하다가 지친 석빈이의 눈에 기윤이가 들어왔어요. 석빈이는 억울하고 분한 마음에 기윤이에게 날카로운 말투로 말했지요.

"태블릿 돌려줄게. 대신 대통령이 누구였는지 찾아줄래?"

기윤이는 짜증 섞인 목소리로 "내 태블릿 당장 줘!"라고 말했어요.

"다른 친구들은 모두 열심히 모둠 활동하는데 너는 놀기만 하고. 대통령 찾아봐."

석빈이가 맞받아쳤어요.

그러자 기윤이는 더욱 큰 소리로 말했어요.

"태블릿 주고 얘기해! 주지도 않고 말만 하잖아."

석빈이는 잠시 생각하다가 말했어요.

"태블릿 바로 안 줘서 화나게 한 건 내가 미안해. 네가 자료를 찾아주면 좋겠어."

그 말을 들은 기윤이는 그제야 고개를 끄덕이며 자료를 찾기 시작했어요.

인정하는 말은 닫힌 마음을 여는 열쇠입니다. '너의 잘못 때문이야'를 강조하는 '너 전달법'이 아닌 '나의 감정은 지금 이런 상황이야'를 강조하는 '나 전달법'으로 표현해야 상대방에게 부드럽게 들려요. 그럴 때 갈등을 푸는 실마리가 생기게 됩니다.

'내가 미안해'라는 인정의 말뿐만 아니라 '알겠어. 나도 미안해'라는 수용의 말도 중요해요. 관계는 상호적인 것이니까요.

나의 감정을 제대로 전달하는 말 3단계

① 상황 말하기

→ "우리는 모두 열심히 정보 찾고 있는데 너는 다른 친구와 이야기만 하고 있으니."

② 감정 말하기

→ "속상했어. 그리고 태블릿 달라고 했는데 바로 안 준 것은 내가 미안해."

③ 부탁하기

→ "너도 자료 찾아주면 좋겠어."

🗨 연습

– 오늘 하루, '너 전달법' 대신 '나 전달법'으로 말해보기

– 갈등이 생겼을 때 잘잘못을 따지기보다 이해할 점 찾아보기

7

정직함을 배우는 순간,
혼날 걸 알지만
나서는 아이

"제가 잘못했어요."

"죄송합니다."

용기를 말로 표현할 수 있다면 이런 표현이 되지 않을까요?

실수를 인정하는 순간, 아이의 마음은 한 걸음 더 성장합니다.

• • •

점심시간이 끝나고, 5교시 수업을 시작하려고 칠판에 학습 목표를 적고 있었습니다. 평소와 다르게 아이들의 웅성거림이 느껴졌습니다. 무슨 일이 있었다는 것을 느낀 그때, 기찬이가 용기 내어 선생님께 이야기합니다.

"선생님, 드릴 말씀이 있어요.

저희가 체육관 창고에서 장난치다가 문고리를 망가뜨렸어요.

제가 잘못했어요."

갑작스러운 고백에 놀랐지만, 숨기지 않고 용기 내 말한 모습이 기특하기도 합니다.

"선생님, 저도 같이했어요. 저도 갈래요."

자기도 함께 잘못했다고 몇몇 아이들이 이야기합니다.

"그래, 같이 가 보자."

손을 든 아이들과 함께 체육관으로 가 보니, 문고리가 휘어져 제대로 문이 잠기지 않는 상태였습니다.

"우리 반 아이들 네 명이 한 거 맞니? 가서 솔직하게 말씀드리고 해결책을 찾아보자."

혼날 게 분명한 상황이었지만, 아이들은 숨기지 않고 또렷한 목소리로 자신의 잘못을 인정했습니다. 작은 잘못이었지만, 그 상황을 대하는 아이들의 태도는 결코 작지 않았습니다. 그 하루는 우리 반 모두에게 '정직함'이 무엇인지 깊이 생각하게 한 의미 있는 시간이었습니다.

　　아이의 실수는 꾸중의 대상이 아니라 배움의 기회입니다. "제가 잘못했어요"라고 말할 수 있는 용기는 아이의 마음이 한 뼘 자랐다는 분명한 신호입니다. 실수해도 괜찮아요. 실수를 통해서 아이들은 배우니까요.

　　숨기지 않고 자신의 잘못을 솔직하게 인정하는 경험이 쌓일수록 아이의 양심과 책임감은 조금씩 단단해집니다.

잘못을 인정하는 성장의 말 3단계

① 사실 인정하기

→ "제가 이런 실수를 했어요. 제가 잘못했어요."

② 해결 방법 찾기

→ "같이 해결해볼게요."

③ 성찰과 다짐하기

→ "다음엔 더 잘할게요."

📭 연습

- 오늘 하루, 실수했던 순간을 떠올리고 솔직히 이야기해 보기

- "내가 잘못했어. 미안해"라고 솔직히 인정하기

친구가 규칙을
지키지 않을 때는
어떻게 말할까요?

학교생활에는 모두가 함께 지켜야 하는 약속과 규칙이 있습니다. 그런데 가끔 친구들 중 누군가가 그 약속을 잊어버리거나 규칙을 어기는 행동을 할 때가 있지요. 이럴 때 "왜 그렇게 했어?", "또 그랬어?" 하고 화를 내며 비난하면 어떻게 될까요? 화를 내는 것보다 더 좋은 방법은 없을까요?

· · ·

점심시간, 아이들은 운동장에서 신나게 술래잡기를 하고 있었습니다. 그때 민찬이가 주머니에서 반짝거리는 장난감 주사기를 꺼냈고, 그 모습을 본 몇몇 친구들이 깜짝 놀라 소리쳤어요.

"민찬아, 그거 선생님이 가져오지 말라고 하셨잖아!"

"맞아. 다칠 수도 있는데 왜 또 가져왔어?"

여러 친구의 말이 한꺼번에 쏟아지자, 민찬이의 얼굴이 점점 굳어지더니 친구들에게 쏘아붙이는 말을 했어요.

"나도 모르고 가지고 나온 거야!"

민찬이는 잘못한 행동임을 알았지만 쏟아지는 비난 앞에서 자신을 지키기 위해 친구들에게 화를 버럭 냈습니다. 무의식적으로 방어기제가 발동한 것이죠.

그때 옆에 있던 예준이가 천천히 말을 꺼냈어요.

"얘들아, 민찬이가 진짜 깜빡했을 수도 있잖아."

그리고 민찬이에게 부드러운 말투로 말했습니다.

"민찬아, 그거 선생님이 운동장에 가져오지 말라고 했으니까 교실 가서 가방에 다시 넣어 두고, 그다음에 같이 술래잡기하자."

민찬이는 잠시 조용히 서 있다가, 얼굴을 조금 붉히며 조용히 말했어요.

"그래…. 갖다 놓고 올게."

그러고는 장난감 주사기를 들고 교실로 뛰어가 가방 속에 넣어두고 다시 운동장으로 돌아왔어요. 민찬이가 돌아오자 예준이가 크게 외쳤어요.

"얘들아, 민찬이 왔어. 다시 술래 정하자!"

다른 친구들도 언제 그랬냐는 듯 "가위 바위 보!"를 외치며 다시 신나게 놀았습니다.

규칙을 지킨다는 건 서로를 지켜 주고 배려한다는 뜻이에요. 비난 대신 차분한 한마디로 친구의 실수를 함께 바로잡아주는 대화를 자주 연습해 보세요. 그럴수록 아이는 남을 탓하기보다 함께 해결책을 찾을 줄 아는 믿음직한 친구로 자라게 될 거예요.

친구의 마음을 이해하고 해결 방법을 찾는 말 3단계

① 먼저 친구의 마음을 이해해 주는 말해 보기

→ "그럴 수도 있지. 그냥 잊어버렸을 수도 있겠다."

② 규칙이 왜 필요한지 이유를 함께 떠올리기

→ "그거 가지고 놀다 누가 맞으면 다칠 수도 있어."

③ 함께 할 수 있는 해결책 제안하기

→ "그럼 이제 가방에 넣어 두고 나서 같이 놀자."

💬 연습

– 가족 중 누군가 약속이나 규칙을 지키지 않았을 때, 지적하기보다 이유를 함께 찾아보기

– "규칙을 어기면 절대 안 돼!" 대신 "이렇게 하면 더 안전할 거야"로 말 바꾸기 연습하기

"하지마"
그 한마디가 왜
그렇게 어려울까요?

아이들은 저마다의 경계가 있습니다. 그러다가 가끔 서로의
경계를 넘을 때가 있습니다.

이때 중요한 것은 누가 경계를 '먼저' 넘었는지가 아니라, 내 경
계가 '어디까지'인지, 지금 상태가 어떤지를 알려주는 것입니다.

• • •

체육수업을 하다 보면 아이들이 극도로 흥분할 때가 있습니
다. 승부욕이 불타오르는 아이들은 앞뒤를 따지지 않습니다. 때로
는 나쁜 말을 하거나 폭력적인 행동을 하기도 합니다. 싸움이 일
어나서 교사가 상황을 파악하다 보면 '남 탓하기'가 시작되고 맙

니다. 누가 더 잘못했는가를 가리는 작은 법정이 열리는 것이죠.

"선생님! 언민이가 저를 때렸어요."

"아니에요. 강영이가 먼저 놀렸단 말이에요."

"아니야. 네가 먼저 때렸잖아."

"저는 아무 잘못 없어요."

이런 다툼은 해결의 실마리가 보이지 않고, 반복되며 거세어지는 서로를 향한 비난에 아이들의 관계는 더욱 망가집니다.

불편한 감정을 표현할 때 무엇보다 중요한 것은 화를 내지 않고 말하는 것입니다. 부정적인 감정에 휘둘리지 않고, 감정을 배제한 채 자신이 감당할 수 있는 행동의 경계를 명확히 하는 연습을 하면 친구들과 좋은 관계를 유지하는 데 도움이 됩니다.

갈등을 피하고 나를 지키는 말 3단계

① 싫은 행동에 대해서 단호하게 말하기
　→ "그렇게 하지 마."

② 지금의 마음 상태를 명확히 말하기
　→ "네가 자꾸 그렇게 하니까 나는 너무 기분 나빠."

③ 내가 원하는 바를 말하기
　→ "나는 네가 나를 너무 비난하지 않았으면 좋겠어."

연습

– 친구들과 있었던 일 중 기분이 나빴던 일 떠올려 보기

– 단호하게 하지 말라고 하며 마음 상태를 함께 말하기

10

아이를 '공감형 중재자'로 키우는 말하기 지도법

"그래서 너의 마음은 ○○ 했다는 말이구나."

이 말은 상대의 마음을 헤아리고, 그 마음을 그대로 되돌려주는 공감의 대화법이에요. 진심 어린 대화는 문제를 해결하고, 친구 사이를 더욱 단단하게 이어줍니다.

• • •

점심시간 운동장에서 갑자기 울음소리가 들렸어요. 축구를 하던 우승이가 실수로 찬 공에 아란이가 맞았던 거예요. 아란이는 엉엉 울고 있었고, 우승이는 어쩔 줄 몰라 했어요. 그 모습을 본 가은이는 화가 나서 외쳤어요.

"야, 빨리 사과하라고!"

그러자 우승이는 얼굴이 붉어지며 소리쳤어요.

"네가 맞은 것도 아니면서 왜 이래! 내가 알아서 한다니까!"

두 아이의 목소리가 점점 높아지자 주변도 금세 시끄러워졌어요. 그때 희원이가 조용히 다가와 아이들 사이에 섰어요. 희원이는 상황을 한 번 둘러보더니 부드럽게 말했어요.

"아란아, 많이 놀랐지? 괜찮아? 근데 우승이도 지금 마음이 좀 복잡할 거야. 얘들아, 우리 잠깐만 비켜서 둘이 얘기할 수 있게 해 주자."

아이들은 희원이의 말에 따라 자연스럽게 한 걸음씩 물러났어요. 잠시 조용해진 운동장에서 우승이가 천천히 고개를 들며 말했어요.

"있잖아…. 미안해, 아란아. 일부러 그런 거 아니었어. 다음에는 진짜 조심할게."

아란이는 눈물을 닦으며 고개를 끄덕였어요.

"응… 괜찮아. 사과해 줘서 고마워."

분위기가 조금 누그러지자 희원이가 조용히 아란이에게 덧붙였어요.

"우승이도 아이들이 몰아 붙이니까 당황스러워서 그랬을 거야. 보건실에 같이 가줄까?"

아란이도 상황을 떠올리며 말했어요.

"맞아…. 나 같아도 그랬을 것 같아. 이제 괜찮아."

희원이의 차분한 한마디 덕분에 두 친구는 금세 마음을 풀었어요. 서로의 입장을 생각해 준 그 짧은 공감의 말이 문제를 해결해 준 거예요.

공감은 갈등의 상황을 부드럽게 만드는 마법이에요.

공감에 앞서 상황을 읽어야 합니다. 당사자가 아닌 한 발 떨어진 곳에서 상황을 보고 각자의 입장에서 어떤 마음이었을까 짐작

해 보는 것이죠. 그때야 비로소 나의 감정이 누그러지고 상대방의 감정이 보입니다. 상대의 마음을 헤아리는 말 한마디가 갈등을 풀고, 서로를 더 깊이 이해하는 다리가 됩니다. 아이들이 귀 기울이고 공감하는 법을 배울 때, 교실은 따뜻한 공간이 됩니다.

갈등을 중재하는 공감의 말 3단계

① 감정을 언어로 표현하기

→ "속상했구나. 그래서 화를 낸 거지?"

② 상황 바라보기

→ "그 상황에서 OO이는 어떤 마음이었을까?"

③ 행동 선택하기

→ "그때로 다시 돌아간다면 가장 좋은 행동은 뭐라고 생각해?"

🗨 연습

- 오늘 있었던 일을 나눌 때 부모가 먼저 자신의 감정을 말해주고 "난 이런 기분이었어"라고 표현해보기

- 짧은 역할극을 하며 "많이 놀랐지?", "나 같아도 그랬을 것 같아" 같은 공감 문장을 말해보기

싸움 뒤에 남는 것은
상처일까, 배움일까?

쉬는 시간, 복도가 한순간에 요란해집니다. 무슨 일이 벌어진 것이 틀림없습니다.

"동욱이랑 민기랑 싸운다!"

복도 가득 누가 누군가랑 싸운다는 소식이 들려오면 다들 어디서 들었는지 다른 반 아이들까지 상황을 직접 보려 달리기 대회가 펼쳐집니다.

평소 동욱이와 민기는 사이가 아주 좋습니다. 선을 넘지 않으면서 사이좋게 노는 모습이 참 예쁜 아이들입니다. 하지만 오늘은 무슨 이유에서인지 선을 넘었나 봅니다.

서로의 이야기를 듣기 위해 동욱이와 민기와 함께 조용한 곳에 자리를 잡았습니다. 아이들은 씩씩거리면서도 눈에 눈물이 가득 차 있습니다. 자세히 보니 민기의 목에 상처가 있습니다.

"저는 장난으로 평소처럼 헤드록을 걸었는데 민기가 제 팔을 풀면서 제 얼굴을 쳤어요."

"얘가 먼저 제 목을 손톱으로 그었어요."

아이들은 '장난'이 마법의 단어인 줄 알고 있습니다. "장난으로 했어요."라는 말로 모든 상황을 무마하려고 하지요. 하지만 장난은 다른 사람도 장난으로 받아들일 때 장난입니다. 친구들을 괴롭히거나 혹은 다치게 하고 장난이라고 하면 그것은 더이상 장난이 아니지요. 이날도 마찬가지였습니다. 물론 나쁜 의도로 한 행동은 아니었지만 동욱이의 행동으로 인해 민기가 다쳤습니다.

아이들은 아직 자기중심적인 시기를 완전히 벗어나지 못했기에, 또 방어적인 태도가 익숙하기에 남을 먼저 돌아볼 겨를이 없습니다. 하지만 조금 진정된 상태에서 대화를 나눈다면 상황을 직시할 수 있지요. 사실 동욱이는 민기가 다쳤다는 사실조차 인지하지 못했습니다. 평소처럼 장난을 쳤는데 자신이 얼굴을 맞았으니 화가 난 상황이지요. 민기는 다짜고짜 자기 목을 손톱으로 긋는 동욱이의 행동에 화가 난 것이고요.

상황을 제대로 알게 된 아이들은 그제야 서로의 상황을 알고 놀랐습니다. 그리고 선생님이 중재하기도 전에 동욱이가 먼저 사과를 건넵니다.

"너 진짜 목이 빨갛네. 미안해. 정말 몰랐어. 내가 장난이 심했었나 봐."

"……."

민기는 동욱이의 사과가 진심이었다는 것을 알았지만 아직 아프고 분한 마음이 큽니다. 학교에서는 친구가 "미안해"라고 말하면 "괜찮아"라고 말하라고 가르칩니다. 하지만 마음이 아직 추슬러지지 않은 상태에서는 진심 어린 '괜찮아'가 나오기 어렵지요. 이때 동욱이가 한 발 더 다가갑니다.

"진짜 미안해. 일부러 그런 건 아니었어. 나중에 화가 풀리면 말해줘."

동욱이의 진지한 사과에 제 마음까지 다 녹는 것 같았습니다. 민기의 마음도 마찬가지였을 겁니다.

"나도 네 얼굴 쳐서 미안해. 너무 아파서 그랬어. 미안."

"괜찮아, 나도 미안해."

자칫하면 큰 싸움이 일어날 수도 있는 사건이었습니다. 하지만 아이들은 갈등을 슬기롭게 잘 해결했습니다. 학급에는 무수히 많은 갈등이 존재합니다. 하루에도 몇 번씩 아이들은 마음이 상했다가 풀리기를 반복합니다. 그 사이에서 깨끗하게 갈등이 해결되면 좋겠지만, 어떤 사건들은 마음에 상처처럼 남아 있다가 어느 순간 다시 곪기도 합니다. 상처가 덧나지 않으려면 치료를 해야 하듯이 아이들의 갈등의 상처 또한 치료를 해야 합니다. 바로 그 치료가 아이들의 '말'입니다.

아이들은 싸우는 과정 속에서 갈등을 슬기롭게 해결하는 방법을 배우고 있습니다. 어른들도 오해하고, 화내고, 상처 주기도 하듯 아이들도 같은 길을 지나갑니다. 다만 어른과 다른 점은 아이들은 갈등을 해석하는 언어가 부족하고, 감정을 적절히 표현하는 경험이 적다는 것입니다. 그래서 어른들은 아이들이 갈등을 피하는 아이가 아니라, 갈등을 마주하고도 안전하게 회복할 줄 아는 아이로 자라도록 옆에서 그 과정을 함께 걸어줘야 합니다. 아이가 싸웠다는 소식을 들으면 "왜 싸웠어?", "누가 그랬어?" 보다는 "어떻게 풀었어?"를 먼저 물어보며, 상대방 아이나 우리 아이의 미숙한 행동을 비난하기보다 그 경험 전체가 성장의 재료가 되었음을 인정해 주는 태도가 필요합니다.

갈등은 아이를 흔들지만, 바로 그 흔들림 속에서 아이는 타인의 감정을 읽는 법, 자기 행동의 무게를 알아채는 법을 배웁니다. 아이가 오늘보다 조금 더 따뜻한 사람이 될 수 있도록, 아이들의 작은 마음의 신호를 놓치지 않고 함께 살펴봐 주세요.

정리

생각하고
말하는 힘

크게 말하지 않아도 마음을 움직이는 말이 있습니다. 흥분하지 않고 천천히 건네는 한마디, 끝까지 책임지겠다는 약속, 상대를 존중하며 균형을 잡으려는 태도, 그런 말은 가볍지 않기에 더 오래 마음에 남습니다.

눈에 띄지 않아도 묵묵히 맡은 일을 해내고, 실수를 책임지며, 갈등 속에서도 차분하게 조율할 줄 아는 아이들이 있습니다.

친구들의 의견 충돌이 있을 때 슬기롭게 갈등을 조율하는 승리, 신중하고 책임감 있는 태도로 친구들의 신뢰를 한 몸에 받는 찬희, 친구에게 불편함을 전하고 한 발 더 나아가 자신의 잘못을 인정하고 실천할 수 있도록 돕는 현준이 등 단단한 말로 교실의 공기를 바꾸고, 함께 살아가는 관계 속에서 신뢰를 쌓아가는 아이들을 만날 수 있어요. 그럼 침착하고 신중한 아이들의 대화법을 만나볼까요?

말의
속도를 늦추면
마음이 들립니다

아이들이 갈등 상황에서 보이는 '첫 말'은 굉장히 중요합니다.

이 '첫 말'은 분위기를 더 날카롭게 만들 수도, 부드럽게 바꿀 수도 있기 때문입니다.

"잠깐, 천천히 말하자"라고 차분히 건네는 말은 갈등이 심각해지는 분위기를 가라앉히고, 대화를 시작하게 해 주는 신호가 됩니다.

• • •

모둠 활동으로 교실이 시끌벅적하던 오후였습니다. 발표 주제를 정하던 승리네 모둠에서 갑자기 언성이 높아졌습니다.

"우리, 이번엔 화산 폭발 실험으로 발표하자! 진짜 재밌을 거야!"

현성이가 신나서 말하자, 서연이가 곧바로 반대하고 나섰습니다.

"아니야, 그건 너무 흔해. 요즘 심각한 환경 오염에 대해 발표해야지. 그게 더 의미 있잖아."

"실험이 훨씬 더 멋있다고!"

"아니, 환경이 더 중요하거든!"

두 아이의 목소리가 점점 커지면서 분위기는 금세 싸늘해졌습니다. 이때, 승리가 조용히 손을 들고 차분하게 말했습니다.

"잠깐, 우리 조금만 진정하고 천천히 말해보자. 현성이는 재밌는 과학 실험을 하고 싶고, 서연이는 의미 있는 환경 보호를 주

제로 하고 싶은거지?"

승리가 천천히 두 친구의 의견을 나란히 정리해주자, 현성이와 서연이는 잠시 숨을 골랐습니다. 승리는 또다시 천천히 말을 이어나갔습니다.

"내가 듣기엔 둘 다 정말 좋은 생각 같아. 각자 장점이 뚜렷하잖아. 그러니까 화내지 말고, 우리가 어떤 발표를 하고 싶은지 기준부터 정해보는 건 어때? 예를 들면, '가장 새롭고 신기한 주제' 같은 거 말이야."

승리의 말에 아이들은 잠시 생각에 잠겼습니다. 그리고는 언제 다퉜냐는 듯 고개를 끄덕이기 시작했습니다. 결국 아이들은 '환경을 지키는 신기한 과학 실험'이라는 멋진 주제를 함께 만들어냈습니다.

말의 속도를 늦추고, 서로의 말을 정리해 준 승리의 한마디가 갈등을 협력으로 바꾼 순간이었습니다.

화를 내면 안 되는 것을 배우기보다, 화를 내더라도 상대방의 마음을 해치지 않게 말하는 방법을 배우는 것이 아이들에게 중요합니다. 말의 속도를 늦추고, 천천히 다시 말하는 연습은 아이가 갈등을 지혜롭게 대처할 수 있도록 해 줍니다.

친구의 갈등을 현명하게 중재하는 말 3단계

① 대화 멈추기
→ "잠깐만, 우리 천천히 이야기하자."
② 서로의 입장 정리하기
→ "네 말은 ~고, 너는 ~라는 거지?"
③ 기준 세우기
→ "그럼 우리 먼저 기준부터 정해보자."

💬 연습

– 어떤 이야기를 꺼내거나 말을 하기 전 속으로 '하나, 둘, 셋'을 세고 말해보기

– 두 사람 입장에서 모두 생각해보고 '~입장에서는'이라는 표현을 넣어 말해보기

– 선택에 의견이 갈릴 때는 기준을 세우는 연습 해보기

2

말문이 막힐 때는
어떻게 말하면
좋을까요?

아이들 중에는 유독 말하기를 어려워하는 아이들이 있습니다. 마음이 여려서 말 자체가 부담스러울 수도 있고, 생각은 많은데 표현 능력이 따라주지 않아 말로 옮기기 힘든 경우도 있습니다. 어른이라면 이런 아이를 보고 말할 준비가 될 때까지 ㅈㅈ지 기다려 줄 수 있지만, 또래 친구들은 그렇지 않을 때가 많습니다. 그래서 말이 안 나올 때 잠시 쉬어 갈 수 있게 도와주는 말이 필요합니다.

대화에도 '쉼'과 '멈춤'을 부탁하는 한마디가 필요합니다.

। । ।

보미는 소심한 아이입니다.

명빈이는 자꾸만 보미를 다그칩니다.

"그래서 어떻게 됐다고?"

"그게….."

어떤 말을 해야 할지 모르는 보미는 그저 답답해집니다.

그런 보미를 보며 명빈이는 더욱 답답해집니다.

모둠 활동을 하던 중, 명빈이의 목소리가 교실에 크게 울렸습니다.

"그래서 어떻게 됐다고?"

명빈이는 보미의 이야기가 더디게 이어지자 자꾸만 보미를 다 그쳤습니다.

"아! 빨리 말해."

보미는 입을 열었다가 다시 닫습니다. 보미의 머릿속이 하얘 졌습니다.

"그게….'"

보미는 어떤 말을 해야 할지 정리가 되지 않아 답답했지만, 말 이 잘 나오지 않았습니다. 그런 보미를 지켜보던 명빈이는 더 답답해졌고, 큰 목소리와 빠른 말투로 보미를 다그치기 시작했습니다. 말문이 막힌 아이와 기다려 주지 못하는 아이 사이에서, 대화 는 점점 더 어려워지고 있었습니다.

대화에서 침묵이 꼭 나쁜 것만은 아니지만, 거듭되는 질문과 기다림에도 상대방이 아무 말도 하지 않으면 친구들은 '나를 무시 하나?' 하고 오해할 수 있습니다. 특히 아이들은 상대방을 기다려 줄 수 있는 시간이 짧기 때문에, 말이 막힐 때일수록 상대방 친구 에게 "기다려줘"라고 말할 수 있도록 연습을 해야합니다. 이 한 마디가 오해를 줄여주고, 친구와의 관계도 지켜 줍니다.

불필요한 오해를 줄이는 말 3단계

① 말하기 힘든 상황일 때 기다려 달라고 말하기

→ "잠깐만 기다려줘."

② 지금 내가 어떤 상태인지, 무엇을 생각하고 있는지 말하기

→ "지금 생각 중인데 어떻게 말해야 할지 모르겠어."

→ "지금은 말하기 힘들어."

③ 명확히 원하는 것을 말하기

→ "다른 친구 먼저 말하고 나면 말할게."

연습

– 말문이 막히는 상황이 있다면, 마음 상태가 어떤지 점검해보기

– 지금 말할 수 있는지, 없는지 스스로 판단해보기

– 친구나 가족들에게 기다려달라고 말해보기

미안해도
거절은
단호하게

아이들은 친구의 부탁을 받으면 쉽게 "좋아!", "그래!"라고 대답합니다.

거절은 곧 '싫다'로 받아들여질까 봐 조심스럽기 때문이지요.

하지만 진짜 관계는 솔직한 마음을 예의 있게 전할 줄 아는 것에서 시작됩니다.

"미안하지만, 지금은 어려워."

이 한마디는 단순한 거절이 아니라, 나의 거절을 상대방이 받아들여 줄 것이라는 신뢰가 깃든 한 마디이며, 이는 건강한 대화의 시작이 됩니다.

중간놀이 시간, 아이들은 함께 놀 친구를 찾고 있습니다.

영훈이가 호준이에게 다가갑니다.

"호준아, 나랑 도미노 하자."

"오늘은 다른 친구들이랑 얼음땡 하기로 했어. 미안해."

친구가 많지 않은 영훈이기에, 호준이가 제안을 거절하자 표정이 어두워집니다.

"그럼 난 누구랑 놀아?"

"다른 친구들과 어제 약속했기 때문에 미안하지만 지금은 같이 못 놀아. 대신 내일 같이 놀래? 내일 도미노 같이 하자."

호준이가 상황을 솔직히 말하고, 대신 내일 함께 놀자는 약속으로 마음을 이어갑니다.

다음날, 영훈이는 호준이가 데려온 친구들과 함께 즐겁게 도미노를 합니다. 전 날, 거절당할 때 보였던 어두운 표정은 온데간데 없습니다.

서로를 위하는 좋은 관계를 오래 유지하기 위해선, 친구의 마음을 지켜주는 것 만큼 내 마음을 지키는 것 또한 중요합니다.

"미안하지만, 지금은 어려워."

이 한마디는 친구를 밀어내는 말이 아니라, 서로의 마음을 지켜 주는 말입니다.

상대를 존중하고 배려하는 거절의 말 3단계

① 상대의 마음을 먼저 인정하기

   → "나랑 같이 놀자고 해줘서 고마워."

② 상황과 이유를 솔직하게 말하기

   → "그런데 오늘은 다른 친구들과 약속을 했어."

③ 대안을 제시하거나 다음을 약속하기

   → "내일은 꼭 도미노 같이 하자."

연습

– 친구의 부탁을 거절하기 어려워했던 순간을 떠올리기

– 부모가 직접 배려 있는 거절 보여주기

우리는 누구의 말에 신뢰를 느낄까요?

보통 자기주장을 명료하게 표현하는 아이가 눈에 띄고, 리더로 주목받기도 합니다. 그런데 친구들이 진정으로 믿는 아이는 말보다 행동으로 보여주는 아이인 경우가 많습니다. 똑같은 말을 해도 누가 말하느냐에 따라 더 믿음이 가는 건 그 말 뒤에 묵묵히 행동해온 시간이 있기 때문입니다.

• • •

학생회실의 공기가 조금씩 무거워지고 있었습니다. 학교 축제 준비로 역할을 나누는 회의 시간이었습니다. 홍보물 제작이나 무대 기획처럼 인기 있는 역할은 금방 정해졌지만, 가장 까다로운

'전교생 의견 취합 및 결과 보고서 작성' 역할에 이르자 모두 슬그머니 눈을 피하기 시작했습니다.

"어… 그건 좀 복잡하고 손이 많이 가는데….''

"누가 맡아서 할 수 있을까?"

서로 눈치만 보며 어색한 침묵이 흐르던 그때였습니다. 회의 내내 조용히 친구들의 말을 듣고만 있던 전교 부회장 찬희가 천천히 손을 들었습니다. 모두의 시선이 쏠리자, 찬희는 차분하지만 분명한 목소리로 말했습니다.

"응, 이거는 내가 맡아서 해 볼게. 다른 부분은 혹시 나눠서 해 줄 친구 있어?"

찬희의 말 한마디에 무거웠던 분위기가 순식간에 녹아내렸습니다. 마치 '찬희가 한다면 믿을 수 있지'라고 말하는 듯, 다른 친구들도 망설임 없이 남은 역할을 나누기 시작했습니다.

찬희는 늘 그런 학생이었습니다. 전면에 나서서 목소리를 높이기보다, 모두가 망설이는 일을 묵묵히 책임지는 아이였습니다. 친구들은 찬희가 맡은 일은 불평 없이 끝까지 해내며, 갈등이 생겨도 흥분하지 않고 차분하게 상황을 정리한다는 것을 모두 알고 있었습니다.

화려한 말보다 꾸준한 책임감과 흔들리지 않는 태도가 얼마나 큰 신뢰를 만드는지, 찬희는 온몸으로 보여주는 '조용한 리더'였습니다.

책임감 있게 말한다는 것은 멋진 말을 많이 하는 것이 아니라, 할 수 있는 만큼을 분명하게 약속하고 끝까지 지키는 것입니다. "내가 할게"라는 말이 가벼운 약속이 아니라, 믿을 수 있는 약속이 될 때, 아이의 말은 점점 더 힘을 갖게 됩니다.

다양한 성향의 친구를 아우르는 책임감 있는 말 3단계

① 내가 맡을 부분을 분명히 말하기

　→ "이 부분은 내가 맡아서 해 볼게."

② 역할을 나누자고 제안하기

　→ "이 중에서 다른 부분은 같이 나눠서 해 줄 수 있어?"

③ 구체적으로 약속하기

　→ "내가 여기까지 해서 이번 주까지 가져올게."

연습

– 집이나 교실에서 스스로 맡을 일을 정하고, 무엇을 할 것인지 말로 선언하기

– 무슨 일을 맡았을 때 '언제까지, 어디까지, 어떻게' 할지 구체적으로 약속하는 말 해보기

– 내가 할 수 있는 일을 정하고, 다른 사람의 도움이 필요한 부분이 있으면 도움을 요청하기

5

끝까지
해보겠다는 아이,
그 마음을 지켜 주는 법

"나는 꼼꼼하게 해 볼래. 끝까지 완성하고 싶어."

조금 느리더라도 끝까지 포기하지 않는 마음, 그리고 그것을 결단력 있게 옮기는 말, 그 속에는 최선을 다하는 아이의 노력과 멋진 끈기가 있습니다.

· · ·

모둠별로 마을 만들기 활동을 하던 날, 교실은 한창 활기가 넘쳤습니다. 만들기 활동을 빨리 마친 아이들은 작품을 들고 서로 비교하며 유쾌하게 웃었고, 아직 진행 중인 아이들은 집중하며 손을 바쁘게 움직이고 있었습니다. 수업 막바지라 쉬는 시간에 대한

기대감으로 아이들의 마음이 들뜬 기운도 느껴졌습니다.

"아진아, 이거 너무 오래 걸린다. 나는 그냥 대충할래."

조바심이 난 친구는 이미 주변 모둠이 거의 마무리한 것을 보며 마음이 급해진 듯했습니다. 그 말을 들은 아진이는 천천히 고개를 들고 대답했습니다.

"그래도 우리 조금 더 해 보자. 우리 작품이 제일 예쁘게 나올걸?"

아진이의 말에는 맡은 작품에 대해 스스로 만족할 때까지 해보고 싶은 마음이 담겨 있었습니다.

"하지만 다른 애들은 벌써 다 끝났잖아."

"나는 꼼꼼하게 해 볼래. 끝까지 완성하고 싶어."

아진이는 흔들리지 않았습니다. 쉬는 시간 종이 울렸지만, 아진이는 자리를 떠나지 않고 만들기 활동을 이어갔습니다. 아진이는 쉬는 시간과 점심 시간 이후 주어지는 자투리 시간을 활용하여 끝까지 작품을 완성했습니다. 모둠 친구들도 아진이의 진심을 이해한 듯, 마무리 단계를 함께해 주었습니다.

아진이네 모둠이 완성한 마을 작품은 다른 마을보다 더 생동감이 넘쳤습니다. 그 결과, 아진이의 모둠은 친구들로부터 가장 많은 칭찬 스티커를 받았습니다. 아진이 모둠 친구들은 뿌듯한 미소를 지었습니다.

끈기는 타고나는 게 아니라, 작은 성공의 경험 속에서 자랍니다. 스스로 만족할 때까지 마무리 해 본 기억은 아이에게 '나는 해낼 수 있는 아이'라는 단단한 자신감을 남깁니다.

끈기는 결과가 아닌 과정을 존중받는 순간에 자랍니다. 아진이에게 남은 것은 스티커가 아닌, 끝까지 해냈다는 스스로에 대한 믿음이었습니다.

나와 너의 과정을 격려하는 말 3단계

① 격려하기

→ "조금 더 해 보자."

② 과정 인정하기

→ "지금도 잘하고 있어."

③ 최선을 다해 노력하기

→ "끝까지 해 볼래."

연습

– 포기하고 싶은 순간에 "조금만 더 해 볼까?"라고 말하기

– 끝까지 완성하기 위해 노력하기

실수할 때
빛나는
아이의 용기

책임을 두고 서로 "네가 했잖아", "나는 아니야"라고 따지기 시작하면, 갈등은 커지고 마음은 멀어지기 쉬워요. 이럴 때 자신의 실수를 숨기지 않고 "그거 내가 한 일이야"라고 솔직하게 말하는 태도는 어려움을 극복하고 문제를 함께 해결할 수 있는 길을 열어 줍니다.

• • •

과학 시간에 모둠별로 물의 온도를 측정하는 실험을 하고 있었어요. 거의 마무리될 때쯤, 태윤이 모둠 쪽에서 갑자기 크게 외치는 소리가 들렸어요.

"어? 온도계가 깨졌잖아!"

아이들은 깜짝 놀라 그쪽을 바라봤어요. 곧 교실은 누가 온도계를 깨뜨렸는지를 주제로 각자의 추론능력을 발휘하느라 소란스러워지기 시작했지요.

"다정이가 들고 있었어!"

"아니야, 내가 떨어뜨린 거 아니야!"

"누가 건드린 거야? 야, 너지?"

순식간에 서로 책임을 묻는 분위기가 되면서 목소리도 점점 커졌어요. 그때, 태윤이가 조심스레 손을 들었어요. 얼굴에는 긴장한 기색이 있었지만, 말은 또렷했어요.

"잠깐만… 온도계, 내가 만졌어. 실험이 잘 되고 있는지 보려다가…. 내가 좀 더 조심했어야 했는데 놓쳐버렸어. 미안해."

교실이 순간 조용해졌어요. 다들 서로를 탓하던 걸 멈추고 태

윤이를 바라보았어요. 그러자 옆에 있던 지아가 살짝 손을 들며 말했어요.

"근데… 사실은 나도 온도계를 들고 있다가 다른 곳에 부딪힌 것 같아. 태윤이만의 잘못은 아니야. 나도 미안해."

조금 전까지만 해도 '누가 잘못했는지' 따지던 분위기가, 언제 그랬냐는 듯 부드러워졌어요. 각자 자신의 역할을 돌아보며 책임을 나누기 시작했기 때문이에요. 마지막으로 다정이가 친구들을 바라보며 말했어요.

"태윤아, 먼저 말하지 않았으면 아무도 몰랐을텐데, 이렇게 용기 있게 말해줘서 고마워. 우리 다음엔 실수해도 바로 얘기하자. 그리고 서로 도와가면서 다시 하면 될 것 같아."

"그래, 선생님께 말씀드리고 어떻게 해야 할지 여쭈어보자."

아이들은 고개를 끄덕이며 웃었어요.

책임감은 타고나는 성격이 아니라, 실수했을 때 솔직하게 말할 수 있는 안전한 환경 속에서 길러집니다. 아이에게 필요한 건 질책이 아니라, 사실대로 말할 용기를 낼 수 있는 안전한 환경입니다. 조금 부족해도 괜찮아요. 실수를 인정하고 올바른 해결 방법을 함께 찾아가는 경험이 아이를 더 성숙하게, 더 단단하게 자라게 합니다.

나의 잘못을 인정하고 실수를 책임지는 말 3단계

① 사실 말하기

→ "그때 내가 들고 있었어."

② 책임 인정하기

→ "조심했어야 했는데 내가 실수했어."

③ 해결 방향 제시하기

→ "다음에는 이렇게 안 떨어지게 더 조심할게."

연습

– 오늘 학교에서 맡았던 역할은 무엇이고, 어떻게 해냈는지 말하며 스스로를 평가해보기

– 실수를 했을때는 "미안해, 다음엔 더 조심할게"라고 말해보기

– 상황을 해결하는 말로 마무리하며 "다음엔 이렇게 해 볼게"라고 말해보기

다투지 않고
규칙을 바로잡는
아이의 비밀

"내가 먼저 실천해볼게."

공정한 사람은 말로 지시하기보다 스스로 먼저 행동해요.

규칙을 세웠다면 자신이 먼저 지키고, 실수가 있다면 솔직히 인정하죠. 이런 태도가 친구들의 신뢰를 이끌고, 모두가 함께하는 교실을 만듭니다. 공정함은 남을 판단하는 게 아니라 나부터 바로 서는 마음에서 시작됩니다.

• • •

점심시간이 끝난 뒤, 교실로 돌아가던 복도에서 쿵쿵 뛰는 소리가 들렸어요. 효재가 복도 반대편에서부터 신나게 뛰어오고 있었죠. 마침 그 옆에는 물을 줄 화분을 들고 지나가던 친구도 있어 자칫 사고가 날 것 같았어요. 그 모습을 본 현준이는 잠시 효재를 바라보다가 조용히 다가갔어요.

"효재야, 잠깐만."

효재는 뛰던 걸 멈추며 대답했어요.

"왜? 나 지금 빨리 가야 해."

현준이는 다그치지 않고, 그렇다고 큰소리를 내지도 않고 차분히 말했어요.

"우리 학급 회의할 때 복도에서 뛰지 않기로 정했잖아."

효재는 살짝 억울한 표정을 지으며 말했어요.

"아니, 다른 애들도 뛰어갔는데."

현준이는 효재를 탓하려는 기색 없이 부드럽게 말했어요.

"네가 잘못했다고 뭐라 하려는 게 아니라, **혹시 누가 다칠까 봐 걱정돼서 그래.** 우리 모두가 정한 규칙이니까 같이 지키면 좋잖아. 우리 뛰지 말고 걸어 다니자."

그러자 효재는 머쓱하게 웃으며 말했어요.

"알겠어. 그럴게."

두 아이는 나란히 걸어 교실로 돌아갔고, 그 모습을 보던 다른 친구들은 자연스럽게 속도를 늦추기 시작했어요. 조금 전까지 시끄럽던 복도에는 금세 질서가 생겼어요. 누군가를 지적하거나, 지적에 억울해하는 말다툼도 없이, 규칙이 다시 살아나는 순간이었어요.

공정함은 모두에게 똑같은 기준을 적용하는 태도에서 시작됩니다. 많은 아이들이 나에게는 너그럽고 남에게는 엄격합니다. 하지만 이러한 태도를 지닌 아이들의 말에는 힘이 실리지 않아요. 아이의 말에 실리는 힘, 영향력은 친구들로부터 인정받은 '공정함'에서 나오는 것입니다. 작은 상황에서도 공정하게 말하는 경험이 아이에게 신뢰와 책임감을 자라게 합니다.

친구가 기분 나쁘지 않게 규칙을 알려주는 말 3단계

① 함께 정한 규칙 상기시키기

　→ "우리 회의 시간에 이렇게 하기로 정했잖아."

② 비난 대신 이유 말하기

　→ "누군가 다치거나, 서로가 불편할 수 있어."

③ 함께 지키자고 말하기

　→ "우리 같이 지켜보자. 나도 조심할게."

연습

- 오늘 하루, 내가 먼저 약속을 지키는 행동 한 가지 실천하기

- 규칙을 어긴 친구를 비난하기보다 "같이 다시 해 보자"라고 말해보기

- 내가 한 행동이 공정했는지 스스로 점검하고 기록해 보기

8

우리 아이는
'아니, 그게 아니라'로
대화를 시작해요

아이들 중에는 누가 무슨 말을 해도 먼저 "아니, 그게 아니라…."라고 입을 여는 경우가 많아요. 자신을 방어하고 싶은 마음이지만, 듣는 친구 입장에서는 자꾸 부정부터 하는 말로 느껴져 대화가 의도치 않게 갈등으로 이어지기도 하지요.

· · ·

조용한 수업 시간. 앞뒤로 앉은 학생 둘이 쪽지를 주고받고 있는 것을 발견했습니다. 선생님과 눈이 마주치자 아이는 깜짝 놀라 쪽지를 황급히 서랍 속으로 밀어 넣었습니다. 수업에 집중하지 못하는 상황이라 그냥 넘어갈 수는 없었지요.

"수업 시간에 쪽지를 주고받으면 수업에 집중하기 힘들지 않겠니?"

그러자 아이의 입에서 거의 반사적으로 말이 튀어나왔습니다.

"아니, 그게 아니라…."

아이는 습관처럼 방어적인 말로 변명을 시작하려 합니다.

"친구랑 하고 싶은 이야기는 참았다가 쉬는 시간에 하는 게 맞지. 그래야 모두가 수업에 집중할 수 있어."

"그게 아니라…. 할 말이 있어서…."

"네, 쪽지 주고받지 않을게요."라고 인정하는 말을 했다면 금방 종료되었을 상황이지만, "아니, 그게…"라는 말이 먼저 나오는 습관이 대화의 문을 자꾸 닫고 있었습니다.

친구들끼리 대화할 때도 마찬가지입니다. 자기방어적인 변명을 자주 하는 아이들은 친구와의 대화 속에서 자신과 생각이 비슷한 의견을 듣더라도 쉽게 인정해주고 공감하지 못합니다.

"그래, 나도 그렇게 생각해."라고 말하면 훨씬 더 깊은 우정을 쌓아갈 수 있을텐데 자꾸만 반대로 이어지는 대화를 지켜보는 교사의 마음은 아쉽습니다.

　　가정에서 부정적 피드백을 많이 경험한 아이들은 상대방을 긍정하기 어렵습니다. 아이들의 말을 먼저 받아들이고, 긍정적인 대화법을 가르쳐야 합니다. 대화의 방식이 바뀌면 관계도 변화하고, 아이들의 마음도 열릴 것입니다.

친구를 인정하고 공감하는 대화 3단계

① 친구의 말을 듣고 나와 생각이 같은지 다른지 판단하기

② (생각이 같을 경우) 친구의 이야기를 듣고 맞장구치며 긍정하는 대답하기

　　→ "아, 그렇구나.", "오, 그래 맞아."

③ (생각이 다를 경우) 먼저 긍정적인 말을 하고 전환하며 자신의 생각 전하기

　　→ "아, 너는 그렇게 생각했구나."

　　→ "그것도 좋은 생각이네."

　　→ "그런데, 나는~.ㅈ"

연습

– 모둠 활동을 했을 때 친구와 생각이 달랐던 경험 떠올리기

– 생각이 다르더라도 "그래", "맞아"라는 말로 상대방을 인정해 주기

– 먼저 상대방을 인정해 주고 자신의 생각 전하기

9

쉬운 일보다
어려운 일을
선택하세요

'쉬운 일'과 '어려운 일' 중 하나를 선택하라면 어떤 것을 선택하나요?

"야! 너 때문에 우리 팀이 졌잖아."

"왜 때려?"

"하지 말라고!"

"나한테 사과해."

교실에서 자주 들리는 말입니다. 생각을 거치지 않고 나오는 '쉬운 말'이죠. 쉬운 말은 누구나 할 수 있습니다. 상황이 발생하면 반사적으로 나오는 말이 대부분이기 때문이죠. 자기중심적 사고를 벗어나지 못한 친구들일수록 이런 경향이 강합니다. 쉬운 말들은 대부분 '너'를 공격하는 형태를 띱니다. 상대방을 비난하고 다그쳐 마음을 상하게 만들고 결과적으로 더 큰 갈등으로 이어지게 됩니다. 교실 속 우리는 '어려운 일'을 선택해야 합니다. 어려운 일이란 '나' 중심에만 머무르지 않고 '너'도 배려하는 습관이죠. 이런 말에는 나의 상황과 마음을 상대 친구에게 온전히 전하고, 그 말을 들은 친구도 나의 상황을 인정하고 또 다른 배려의 말로 돌려주도록 하는 힘을 가지고 있습니다.

• • •

쉬는 시간은 언제나 그렇듯 어수선하고 왁자지껄한 분위기입니다. 소란 속에서 날카롭게 울려 교사의 귀에까지 들려오는 소리가 있습니다.

"아! 좀 적당히 하라고!"

태양이가 격앙된 말투로 소리를 지릅니다. 이야기를 듣는 푸름이 표정에도 불편함과 짜증이 가득합니다.

"무슨 일이 있었나요?"

아이들을 불러서 물어봅니다. 3분단 마지막 줄, 앞뒤로 앉은 태양이와 푸름이가 좁은 통로로 지나가다가 부딪혔습니다.

"가만히 서 있었는데 푸름이가 어깨빵을 하고 지나갔어요. 그래서 그만하라고 했어요."

태양이의 얼굴에 짜증이 가득합니다.

억울한 표정의 푸름이에게 같은 질문을 했어요.

"화장실에 다녀오는데 태양이가 있어서 비키라고 몇 번을 이야기했는데 무시해서 그냥 지나가다가 부딪혔어요."

서로의 입장이 다릅니다.

"서로의 이야기를 들으니 둘 다 이해가 되네요. 그 순간, 태양이와 푸름이가 할 수 있는 어려운 일은 무엇이었을까?"

질문을 되돌려줍니다.

"무작정 비키라고 하지 말고 지나갈 수 있게 길을 좀 비켜달라고 부탁해요."

푸름이의 말에 태양이도 한 마디 합니다.

"부딪혀서 아파서 화가 나더라도 왜 그랬는지 먼저 물어봐요."

아이들이 서로의 입장을 꺼내어 내어놓고, 상대방의 입장을 듣게되자 거짓말처럼 상대방에 대한 원망과 억울함이 사그라들었죠. 그 자리에 이런 일이 다시 생기지 않도록 내가 조심해야 할 부분이 무엇인지 관심을 가지게 되었습니다. 서로 사과하고 악수하며 상황을 마무리할 수 있었죠.

교실에서의 일상은 순간순간이 배움입니다. 매순간 쉬운 일만 선택했던 아이들에게 마음을 가다듬고 내가 할 수 있는 조금 어려운 일을 선택하는 것이 결국에 나에게 좋은 결과를 가져온다고 강조합니다. 부드러운 말로 소통하면 부드러운 말이 돌아오기 때문이죠. 그런 의미에서 우리에게 익숙한 속담인 '가는 말이 고와야 오는 말이 곱다'는 많은 의미를 함축하고 있습니다. 교실에서 자주 강조하는 부분이기도 하죠. 가는 말을 예쁘게 해야 오는 말이 곱습니다. 중요한 것은 순서입니다. 오는 말이 예쁘기를 기다리지 말고 내가 먼저 고운 말을 쓰는 선택을 한다면, 오는 말이 고운 것은 당연한 결과입니다.

갈등 상황에서 어려운 일을 선택하면 내가 고민하고 애쓰는 부분을 상대방도 알아차리게 됩니다. 그런 의미에서 갈등을 대화로 풀어갈 수 있는 상황을 만드는 것은 나의 선택이죠. 상대방에게 진솔한 나의 입장을 전할 때, 비로소 상대방이 자신의 잘못을 인정하고 진심 어린 사과를 할 수 있는 상황으로 이끌어갈 수 있지요. 상황을 긍정적으로 바꿀 수 있는 열쇠는 바로 '나'의 선택에 달려 있다는 것을 잊지 마세요.

현명한 행동을 위한 말 3단계

① 갈등의 순간, 올라오는 나의 감정을 알아차리기
　→ '푸름이가 내 어깨를 쳐서 짜증 나고 화나. 이건 쉬운 일이야. 심호흡하자.'
② 이 상황에서 내가 할 수 있는 어려운 말 찾기
　→ "푸름아, 네가 내 어깨를 쳐서 많이 아파. 왜 그런건지 말해줄 수 있어? 혹시 일부러 어깨빵 한 거야?"
③ 상대방의 이야기를 듣고 나의 바람을 전하기
　→ "일부러 그런 건 아니라는 말이지? 다음에는 조심해줄 수 있을까?"

📣 연습

– 어떤 일을 결정할 때 즉각적으로 생각하는 쉬운 일 대신 한 번
더 고민해서 할 수 있는 어려운 일을 선택하기

– 마음이 상하는 상황이라도 상대방에게 바로 감정을 이야기하
기보다, 심호흡 한 번으로 마음을 가라앉히고 나의 상황을 이야기
하고, 상대방의 이야기를 끊지 않고 듣기

아이에게 기다림을
가르치고 있나요?

수업시간, 궁금한 것이 생긴 지승이가 질문을 하기 위해 손을 듭니다. 선생님이 다른 친구의 발표를 듣고 있는 동안, 지승이는 몇 번이나 손을 들었다 내렸다를 반복합니다. 말하고 싶은 마음은 이미 목 끝까지 차올랐지만, 친구의 발표를 방해하고 싶지 않은 마음이 조금 더 컸던 모양입니다. 선생님은 지승이와 눈이 마주칩니다. "지승아, 말해볼래?"라고 하자 지승이는 웃으며 조심스레 입을 엽니다.

또 다른 수업시간입니다. 선생님의 말씀을 누구보다 집중해서 들었던 유진이의 표정이 마냥 밝지만은 않습니다.

"선생님, 여기 좀 어려워요. 한 번만 더 설명해주세요."

혼자 해결해보려 애써보았지만 이해가 잘 안 되는 부분을 다시 설명해달라고 공손하게 부탁합니다. 그 말 속에는 수십 번 머릿속에서 다듬어진 신중함이 고스란히 들어있습니다.

이런 모습들은 그저 예쁜 장면을 넘어, 요즘 교실에서 점점 보기 어려워지고 있는 귀한 풍경입니다. 이유는 분명합니다. 집에서는 아이의 말이 멈추기도 전에 부모가 먼저 알아채고, 해결책까지 대신 말해주는 경우가 많기 때문입니다. 특히 요즘처럼 외동아이가 많아진 상황에서는 아이 한 명에 어른이 몇 명이나 붙어 미리 모든 일을 해주는 경우가 허다하지요. 아이가 끝까지 문장을 만들어보기도 전에 그 마음을 짐작해 대신 정리해주는 환경 속에서 자란 아이들은 자연스럽게 '기다리는 시간', '말을 다듬는 과정'을 경험하지 못합니다. 말은 깊이 생각하지 않고 쏟아내는 것이 되었고, 행동 역시 순간의 충동에 기대어 이루어지는 경우가 늘어났습니다.

신중함은 타고나는 것이 아니라, 연습으로 길러지는 능력입니다. 교실에서 매 순간 일어나는 크고 작은 상황들이 연습의 장이 됩니다. 예를 들어, 선생님이 다른 친구와 대화 중인 것을 보고 한 아이가 조용히 다가왔다가 다시 제자리로 돌아갑니다. 분명 도움을 요청할 일이 있었지만 선생님이 다른 친구의 이야기를 듣고 있는 순간에는 '기다려야 한다'라는 것을 몸으로 알고 있는 것입니다. 그 잠깐의 멈춤은 단순한 예의의 문제가 아닙니다. 내 행동이 다른 사람의 말과 시간을 침범할 수 있다는 '관계적 책임감'을 배우는 순간이지요.

아이들이 신중하게 말하고 행동할 수 있다는 것은, 상대의 감정을 고려한다는 뜻이며, 자신의 말이 어떤 영향을 미칠지 예측할 줄 안다는 의미입니다. 신중함은 곧 관계에서의 안전을 만들어줍니다. 서두르지 않음으로써 말을 곱게 다듬을 수 있고, 행동을 조절함으로써 실수를 줄일 수 있습니다. 무엇보다도 신중한 아이는 누군가와 이야기할 때 자신과 상대 모두를 존중하는 방법을 자연스럽게 실천합니다.

그러나 지금의 많은 아이들에게 이런 신중함은 어렵습니다. 대부분의 아이들은 하고 싶은 말을 즉시 해야 속이 시원하고, 마음이 움직이는 순간 곧바로 행동해야 안심되는 경험을 많이 쌓아왔습니다. 그래서 교실에서는 더 자주 부딪히고, 더 쉽게 말다툼이 일어나고, 더 자주 마음이 상한 채 하루를 보내곤 합니다. 아이들이 미숙해서가 아닙니다. 신중함을 배울 기회를 충분히 가지지 못했기 때문이지요.

아이들에게는 신중히 생각하고, 생각한 바를 말로 옮기는 경험이 필요합니다. 아이가 어떤 행동을 하려 할 때 잠시 기다렸다가, 그 행동이 적절한지 스스로 판단해볼 수 있도록 시간을 주세요. 그 '잠깐의 기다림'이 바로 신중함의 연습입니다.

다른 친구의 발표를 방해하지 않기 위해 손을 들고도 말을 아끼던 지승이처럼, 선생님이 바쁠 때 조용히 기다림을 선택한 유진이처럼, 작은 멈춤 속에서 아이들은 타인을 배려하는 마음을 배우고 있습니다.

신중함은 아이를 답답하게 만드는 덕목이 아닙니다. 오히려 스스로를 안전하게 지키고, 타인을 존중하며, 갈등을 슬기롭게 풀어갈 수 있게 해주는 가장 부드럽고도 강한 힘입니다. 부모와 교사가 함께 아이가 연습할 수 있는 경험의 시간들을 지켜봐주고 응원과 격려를 아끼지 않을 때, 아이의 말은 더 단단해지고, 행동은 더 따뜻해지고, 마음은 한층 더 깊어집니다.

친구의 닫힌 마음을 푸는 열쇠, 따뜻한 말 한마디

"화를 내는 희연이는 어떤 마음일까요?"

아이들이 둥글게 둘러앉았습니다. 희연이는 화가 나면 다른 사람이 된 것 같은 느낌입니다. 누구의 말도 듣지 않고 온몸에 가득 찬 화를 발산하기 위해 소리를 지르고, 물건을 던지며 때로 스스로를 공격합니다.

그날도 사회 수업을 하고 있었습니다. 커다란 화면에는 모래톱이 배경의 절반 정도를 차지한 강변을 찍은 사진이 있었습니다. 어떤 풍경을 나타내는 것 같냐는 질문에 아이들이 모두 "강변이에요"하고 대답했지요. 하지만 희연이는 크고 확신에 찬 목소리로

"해변이요"라고 합니다. 그 무슨 소리냐고, 전형적인 강변의 사진 아니냐고 되묻는 아이들의 시선이 일제히 희연이에게 쏠립니다. 희연이는 자신의 의견이 틀렸음을 인정하고 싶지 않은 얼굴이었어요.

"해변일 수도 있잖아."

아이들은 "해변이라면 멀리 수평선이 보여야 하는데, 안보이잖아", "해변이면 저렇게 풍경이 비치지 않아" 등 저마다 자신의 논리를 이야기하며 희연이를 바라봤습니다. 희연이에게 그 순간 아이들의 이야기는 '다름'이 아니라 '틀림'을 질책하는 것으로, 틀림을 확인하는 것을 나의 존재를 부정하는 공격으로 느낀 것 같습니다. 희연이의 얼굴은 순식간에 화로 가득 찼고, 희연이지만 희연이가 아닌 그 아이는 상기된 얼굴로 소리를 지르고, 자신의 팔을 손톱으로 긁어 상처를 내기 시작합니다. 순간 교실에는 짙은 어둠이 내려앉았습니다. 수업은 그대로 멈추었고 아이들의 얼굴에 걱정과 후회, 당황스러움이 피어오릅니다.

"모두 서클로 둘러앉아 봅시다."

무겁고 가라앉은 분위기가 환기되었으면 하는 바람을 담은 교사의 부탁에 아이들은 부스럭거리며 자리를 이동합니다. 그 어수선한 틈에 스스로를 공격하던 희연이의 손길이 움찔하더니 조금

느려집니다. 희연이가 언제든 들어올 수 있도록 한 자리를 비워두고 묻습니다.

"화를 내는 희연이는 어떤 마음일까요?"

잠시 침묵이 서클에 머물렀고, 평소 말이 없던 여준이가 조심스럽게 손을 들었습니다.

"희연이는 우리 모두가 반대 의견을 말하며 쳐다봐서 당황스럽고 부끄럽고 속상할 것 같아요."

"아!"

물음표로 가득했던 아이들의 마음이 여준이의 말을 듣는 순간, 느낌표로 바뀌었습니다. 여준이를 시작으로 아이들은 희연이의 마음에 공감해주며 화로 가득한 희연이의 마음을 토닥여 주었습니다. 짙은 어둠이 내려앉았던 교실은 여준이의 말 한마디로 인해 점차 환하게 밝아졌습니다. 표정이 한결 편해진 희연이가 서클 한쪽에 비워둔 자리로 돌아오고 그런 희연이를 조심스럽게 환대한 아이들이 서로의 마음을 나누고 토닥이며 교실은 환하게 빛나는 따뜻하고 평화로운 공간이 되었습니다.

여준이는 우리 교실의 어둠을 밝히는 한 마리의 반딧불이입니다. 어릴 적 처음 만났던 반딧불이는 마치 땅에 내려앉은 별빛과 같았습니다. 땅으로 와르르 쏟아질 듯 밝지만 아무리 점프해 봐도

잡히지 않는 별에 비해 반딧불이는 손만 뻗으면 닿을 수 있는 눈앞의 별이었지요. 수백 마리의 반딧불이가 명멸하며 눈앞에서 반짝일 때, 홀린 듯 손을 뻗어 한 마리의 반딧불이를 두 손에 잡았던 촉감을 아직 기억합니다. 손에 잡힌 반딧불이는 숨을 쉴 때마다 위태로운 불빛으로 깜빡이는 한 마리의 작은 벌레였어요. 내 손안에서 이 신비로운 벌레가 죽으면 어쩌나 덜컥 겁이 나 반딧불이를 하늘로 날려 보냈을 때, 위태롭게 반짝이던 반딧불이는 무리 안으로 들어가 더 환한 빛으로 반짝였습니다. 처음 들판에 섰을 때, 칠흑 같은 어둠이 가득했는데 한 마리의 반딧불이가 반짝하고 빛을 밝히면 옆의 반딧불이가 빛을 내고 그 빛이 옆으로, 옆으로 퍼져 나가면서 거대하고 따뜻한 빛이 가득한 들판이 되며 장관을 이루었어요.

이 책은 바로 그 작고 반짝이는 아이들의 이야기를 담고 있습니다. 각자의 교실에서 아이들과 한 해를 보내며 그들의 말과 행동을 지켜본 교사들이 교육 현장에서 한마디의 말과 행동으로 친구들에게 선한 영향력을 끼치는 아이들에 관한 내용을 책으로 써 내려갔습니다. 때로는 부드러운 말투로, 때로는 단호한 행동으로 자신의 마음을 표현하고 갈등을 슬기롭게 넘기며 친구들에게 영향력을 끼쳤던 교실 속 아이들이 이 책의 또 다른 저자입니다. 어둠 속 밝은 빛처럼 친구들을 다독이고 응원하며 스스로를 좋은 방향으로 이끌 줄 아는 멋진 아이들에게 감사의 마음을 전합니다.

아이들이 학교와 가정에서 내면에 숨어있는 저마다의 불을 켜면 그 불빛이 친구들에게 전해져 서로를 밝히는 반딧불이 군무처럼 교실이 찬란히 빛나기를 소망합니다. 그 길목에 이 책이 마중물이 되었으면 합니다. 이 책이 단순한 대화법에 관한 실용서를 넘어 아이들의 말과 행동을 끌어내는 가치와 태도에 영향을 끼치는 책이 되었으면 하는 바람입니다.

아울러 이 책을 통해 아이들과 고민을 거듭하며 우리의 세상을 더 나은 곳으로 만들기 위해 함께 손잡고 나아갈 독자분들께도 응원을 보냅니다. 여러분으로 인해 교실은, 세상은 지금보다 더 살만한 곳이 될 것입니다. 세상에는 아이들의 수만큼 많은 우주가 있습니다. 서로의 빛을 비추며 한결 따뜻하고 환해진 세계가 우리 아이들이 살아갈 새로운 우주가 되기를 기대합니다.

아이들의 웃음이 맴도는 오후의 교실에

교실연고 선생님들이 생각하는

"초등 말 공부"란?

말을 잘한다는 것은 어렵고 화려한 단어를 사용하여 말을 폼나게 잘하는 유창한 언어 실력을 가리키지 않아요. 상대를 존중하면서 자신의 속마음을 잘 전달하여 좋은 관계를 맺는 것을 의미합니다.

선우영화(수석쌤)

어릴 때 선생님 놀이를 즐기며 교사가 되는 꿈을 꿨습니다. 그렇게 꿈꾸던 교사가 되었고, 일상에서 만나는 천사 같은 아이들에게 부끄럽지 않은 어른이자 교사가 되기 위해 멈추지 않고 나아가고 있습니다. 아이들의 삶을 가장 가까이에서 마주하는 초등학교 교사로서, 행복한 학교생활의 지혜를 주고 싶은 수석교사입니다.

세상 속에서 만나는 다양한 사람들과 어울려 살아가기 위해 나를 조절하고 타인을 이해하는 과정을 경험하며, 아이들이 자신의 세계를 확장시켜가는 과정이라 생각해요.

성진숙(진숙쌤)

사람의 마음에 관심이 많습니다. 아이들이 마음 편하게 생활하는 교실을 만들려 노력합니다. 작은 사회인 교실에서 생활하는 아이들을 세심히 살피고, 그 속의 갈등을 잘 포착해 속상함 없이 마음을 풀어주어야 한다고 믿습니다. 아이들이 인정하는 공식 '싸움 말리기 천재'입니다.

 아이가 걸음마로 세상에 첫발을 내딛듯, 초등 말 공부
는 자신의 마음을 타인과 연결하여 관계 맺기 위한
첫걸음입니다. 말 공부를 통해 아이는 더 넓은 세상을
향해 다음 발걸음을 힘차게 내딛을 것입니다.

성순호(순호쌤)

저는 매일 학교에서 아이들의 삶을 가장 가까이에서 만납니다. 학교에서
아이들은 배우고 웃고 다투며, 말과 마음으로 서로를 알아 갑니다. 그 속
에서 아이의 삶을 조금씩 바꾸는 순간들이 조용히 쌓여 갑니다. 소복이
쌓인 아이들의 빛나는 순간들을 오래도록 바라보고 싶습니다.

 아이가 자기 마음과 생각을 안전하게 꺼내 세상
과 연결하도록 돕는 가장 기초적이면서도 꼭 필요한
언어 성장의 과정이라고 생각해요.

김초이(초이쌤)

아이들의 말에는 늘 마음이 따라옵니다. 툭 던진 말 한마디에 웃기도, 오
래 속상해하기도 하는 아이들을 가까이에서 만나며 말을 잘 가르치는 일
은 결국 마음을 잘 돌보는 일임을 배웁니다. 아이들의 말 속에 담긴 마음
이 안전한 교실을 꿈꾸며 오늘도 함께 말공부를 합니다.

나를 온전한 나로서 지켜내면서도 다른 사람과 건강한 관계를 맺도록 도와주는 사회적 기술의 시작이자 완성이라 생각해요.

손아름(아름쌤)

아이들은 학교와 교실이라는 공간에서 타인과 부대끼며 세상을 배워 갑니다. 우리는 서로에게 수많은 말을 건네고, 아이들의 하루는 그 말들로 채워지며 성장해 갑니다. 아이들이 어떻게 자라나는지는 아이가 듣고, 또 스스로 사용하는 말에서부터 시작된다고 생각합니다. 단단하면서도 따뜻하고, 서로를 귀하게 여기는 말이 넘치는 교실이 되기를 희망하며 오늘도 아이들과 함께 합니다.

그림 그릴 때 무슨 색으로 색칠할 지 고민해 본 적 있지요? 말공부는 색연필을 고르는 것과 같아요. 어떤 말을 쓰면 서로 기분이 좋을지 고민하고 연습하면 나만의 예쁜 색깔의 말을 찾을 수 있을 거예요.

이윤서(윤서쌤)

교실에서 아이들과 함께하며 매일 아이들이 하는 말을 듣습니다. 어떤 아이들 주변은 항상 밝고 따뜻하고 웃음이 가득해요. 이런 빛과 온기가 어디서 나나 살펴보니, 바로 그 아이의 다정한 말에서 퍼져 나오고 있었어요. 타인에게 건네는 다정하고 따뜻한 말의 빛은 결국 자신을 가장 환하게 비춰줘요. 이 중요한 원리를 우리 아이들과 부모님들께 꼭 전하고 싶었어요.

아이는 말을 배우며 자신의 마음을 천천히 마주합니다. 말 한마디에 담긴 마음을 살펴며, 나와 다른 마음도 있다는 사실을 배워 갑니다. 초등 말 공부는 아이가 자신을 잃지 않으면서도 타인과 함께 살아가는 법을 익히는 따뜻한 성장의 시간입니다.

김수진(수진쌤)

매년 아이들에게 말의 중요성에 대해 이야기합니다. 내가 하는 말을 가장 많이 듣는 사람은 바로 나 자신이라는 것, 그리고 어떤 말을 선택하느냐에 따라 내가 조금씩 달라질 수 있다는 것을 전합니다. 아직 마음을 말로 표현하는 일이 서툰 아이들 곁에 머뭅니다. 뭉뚱그려진 채 마음속에 남아 있는 감정들을 조각조각 천천히 풀어내고, 그 조각들 하나하나에 이름을 붙여 줍니다. 그렇게 이름을 얻은 마음들은 따뜻한 옷을 입고 세상 밖으로 나옵니다. 아이들이 자신의 마음을 말로 알아가고, 말로 자신을 지켜낼 수 있도록 오늘도 '말 공부'를 이어가고 있습니다.

교실에서의 말 한 마디는 교실의 공기를 바꾸는 힘을 가지고 있습니다. 아이들이 서로에게 따스한 흔적을 남기는 사람으로 성장하였으면 하는 마음입니다.

김소현(소현쌤)

아이들과의 행복한 순간들이 선생님과 교실을 지탱해주는 힘이 됨을 여실히 느끼고 있는 요즘입니다. 모두의 작은 노력으로 교실의 모두가 더욱 행복할 수 있는 교실을 만들고자 매순간 고군분투하고 있는 중입니다.

우리는 말을 통해 관계를 맺어 갑니다. 어떤 말을 하는지, 어떻게 말하는지, 누구와 말하는지가 나의 정체성을 만들기 때문입니다. 그래서 말을 단지 언어적으로 잘 하는 것뿐만 아니라 사회적 관계 속에서 하는 방법 또한 우리는 배워야 합니다.

남기백(기백쌤)

저는 보이지 않는 마음을 꿰뚫어 볼 수 있는 힘을 아이들과 함께 고민하며 가르치고자 노력하고 있습니다. 그리고 이 힘은 서로의 마음을 드러내고 이어 주는 '말'에서부터 시작된다고 생각합니다. 우리는 말을 통해 관계를 맺고, 어떤 말을 하는지, 어떻게 말하는지, 누구와 말하는지가 곧 '나'의 정체성을 만들어 가기 때문입니다. 그렇기에 말은 단지 언어를 잘 사용하는 기술이 아니라, 사회적 관계 속에서 나와 타인을 존중하며 살아가는 방법으로서 배워야 할 중요한 힘입니다. 이러한 생각을 마음에 품고, 오늘도 아이들의 생생한 말을 들을 수 있는 교실로 들어갑니다.

초등 말 공부

초판 1쇄 발행 2026년 1월 23일

지은이 교실연고
펴낸곳 글라이더
펴낸이 박정화

편집 유현은 **표지 디자인** 김승수 **본문 삽화** 김수진
본문 디자인 디자인뷰 **마케팅** 임호

등록 2012년 3월 28일 (제2012-000066호)
주소 경기도 고양시 덕양구 화중로 130번길 32 파스텔프라자 405호
전화 070) 4685-5799 **팩스** 0303) 0949-5799
이메일 gliderbooks@hanmail.net
블로그 https://blog.naver.com/gliderbook
ISBN 979-11-7041-180-2 (03590)